中等职业教育国家规划教材

全国中等职业教育教材审定委员会审定

液压与气压传动

Yeya yu Qiya Chuandong

第 3 版

主编　杨光龙　兰建设

高等教育出版社·北京

内容简介

本书是中等职业教育国家规划教材,是在《液压与气压传动》(第2版)的基础上,结合新技术、新工艺、新设备、新标准修订而成的。

本书的主要内容包括绪论、液压传动系统的基本组成、液压基本回路、典型液压传动系统、气压传动系统的基本组成、气动基本回路、典型气压传动系统、液压与气压传动系统的安装调试、维护及故障诊断。

本书附 Abook 资源,按照本书最后一页"郑重声明"下方使用说明,登录网站(http://abook.hep.com.cn/sve),可获取相关资源。

本书可作为中等职业学校机电类专业的教材,也可作为工程技术人员的岗位培训教材。

图书在版编目(CIP)数据

液压与气压传动 / 杨光龙,兰建设主编. --3 版
. --北京:高等教育出版社,2021.12(2024.12 重印)
ISBN 978 - 7 - 04 - 055970 - 5

Ⅰ.①液… Ⅱ.①杨… ②兰… Ⅲ.①液压传动-中
等专业学校-教材②气压传动-中等专业学校-教材
Ⅳ.①TH137②TH138

中国版本图书馆 CIP 数据核字(2021)第 054231 号

策划编辑	王佳玮	责任编辑	王佳玮	封面设计	王 琰	版式设计 马 云
插图绘制	邓 超	责任校对	刘 莉	责任印制	耿 轩	

出版发行	高等教育出版社	网　址	http://www.hep.edu.cn
社　　址	北京市西城区德外大街 4 号		http://www.hep.com.cn
邮政编码	100120	网上订购	http://www.hepmall.com.cn
印　　刷	山东临沂新华印刷物流集团有限责任公司		http://www.hepmall.com
开　　本	889mm×1194mm　1/16		http://www.hepmall.cn
印　　张	14.75	版　次	2002 年 7 月第 1 版
字　　数	330 千字		2021 年 12 月第 3 版
购书热线	010-58581118	印　次	2024 年 12 月第 7 次印刷
咨询电话	400-810-0598	定　价	33.00 元

第 3 版前言

　　本书在中等职业教育国家规划教材《液压与气压传动》(第 2 版)的基础上,根据职业教育对应用型技能人才的培养要求,修订而成,增加了新工艺、新技术和新产品,注重理论联系实际,突出实用性和先进性。本书可作为职业院校机械及机电类专业的"液压与气压传动"课程教材,也可作为各类成人高校、自学考试等有关机械类和机电类专业的教学用书,并可供从事流体传动和控制技术的工程技术人员参考。

　　本书共分 7 个单元,单元 1~单元 3 介绍液压传动系统的基本组成、液压基本回路及典型液压传动系统,单元 4~单元 6 介绍气压传动系统的基本组成、气动基本回路及典型气压传动系统,单元 7 介绍液压与气压传动系统的安装调试及故障诊断。教学内容突出液压与气压传动技术的实用性,突出液压、气压传动系统在不同类型设备中的使用特点,注重培养学生实际应用液压与气压传动知识的能力。兼顾知识的系统性、连续性与相对独立性,并增加实物图,使图示更形象、直观。在最后一个单元将液压与气压传动系统的安装调试及故障分析作对比讲解。

　　本书建议教学时数为 74 学时,其中技能实训 14 学时,各单元学时分配见下表(供参考)。

单　元	学时数	单　元	学时数
绪论	2	单元 4　气压传动系统的基本组成	8+2*
单元 1　液压传动系统的基本组成	20	单元 5　气动基本回路	8
单元 2　液压基本回路	12	单元 6　典型气压传动系统	6
单元 3　典型液压传动系统	6+2*	单元 7　液压与气压传动系统的安装调试、维护及故障诊断	8

　　书中加"＊"号的部分,不同学校可根据实际情况选用。

　　本书由杨光龙、兰建设任主编,李树生、明莉任副主编,参与编写的有姚茂康、冯梅。南阳理工大学吴希让副教授审阅了全稿并提出了修改建议。在编写过程中,编者参阅了国内外出版的有关教材和资料,在此一并表示衷心感谢!

　　由于编者水平有限,书中不妥之处在所难免,恳请同仁和广大读者批评指正。读者意见反馈信箱:zz_dzyj@ pub.hep.cn。

编　者

2021 年 7 月

第2版前言

　　本书是中等职业教育国家规划教材,自第1版出版以来,在中等职业学校液压与气压传动课程教学中发挥了重要作用,取得了较好的社会效益和经济效益。

　　本书是在第1版的基础上,保留原书的优点,适应当前中职学校的教学需要修订而成的。主要做的修订如下:

　　(1) 适应当前职业技术教育发展的需要,以教育部颁布的《机电技术应用专业教学指导方案》中"液压与气压传动教学基本要求"为依据,降低教材中理论知识及分析计算的深度及难度,并以企业实际岗位的职业活动为导向,以所需基本知识和技能为核心进行编写。

　　(2) 更新教材内容。根据近年来教学改革实际情况,增加了部分新内容。

　　(3) 书中全部图形符号及文字符号均选自最新颁布的国家标准,在主要产品的结构、型号及应用方面尽量结合当前市场的供求实际,紧密结合我国当前倡导的建设节约型社会和国家的能源政策,以提高学生的专业素养。

　　本次修订由兰建设任主编,山东肥城市职业中专杨建东参与了第1章部分内容的修订工作。

　　由于编者学识水平有限,书中错误和不足之处在所难免,恳请使用本书的读者给予指正。

编　者

2009 年 10 月

第1版前言

本书是根据教育部 2001 年颁发的中等职业教育机电技术应用专业"液压与气压传动教学基本要求",由高等教育出版社组织编写的系列教材之一。高等教育出版社在获得教育部国家规划教材批准立项的基础上,组织全国职业教育有关专家和学者在充分论证 21 世纪中国职业教育的改革和发展要求的基础上,确定了符合 21 世纪中国职业教育相关专业培养目标和培养方向的教学计划、教学基本要求,并对编写提纲进行了充分的研讨。本书就是在此基础上进行编写的。

本书的编写力求符合中等职业教育机电技术应用专业的培养目标与方向,在液压与气动理论知识方面以实用为主、够用为度,着重作定性分析。在液压与气动元件方面注重工作原理和外部特性及选用,在液压与气压传动系统方面注重典型性、代表性、实用性和先进性,全书的重点放在液压与气压传动系统的使用维护、安装调试、故障诊断和维修方面。教学内容安排突出液压与气压技术的实用性。

本教材教学时数为 60 学时,各章学时分配见下表(供参考):

章　　次	学时数	章　　次	学时数
绪　　论	2	第四章　气压传动系统的基本组成	6+2*
第一章　液压传动系统的基本组成	18	第五章　气动基本回路	6
第二章　液压基本回路	10	第六章　典型气压传动系统	4
第三章　典型液压传动系统	4+2*	第七章　液压与气压传动系统的安装调试和故障分析	6

对书中加"*"号的部分,不同的学校可根据实际情况选用。

本书由河南工业职业技术学院兰建设担任主编并编写了绪论及第一章第一节、第二节、第三节、第四节。参加编写工作的还有陈建雯(编写了第一章第五节和第二章),董燕(编写了第三章和第七章第一节),赵世友(编写了第四章、第五章、第六章和第七章第二节)。南阳理工大学吴希让副教授审阅了全稿并提出许多修改意见,在此表示衷心感谢。

本书经全国中等职业教育教材审定委员会审定通过,由北京科技大学罗圣国教授担任责任主审,许万凌副教授、黄效国副教授审稿。他们对本书给予充分肯定。一致认为,本书突出了职业教育特色,将学历教育与职业资格培训相结合,具有较强的职业导向性;内容先进,深浅适中,通俗易懂,编排合理,使用灵活,符合中等职业教育教学及学生心理结构构建规律和学生特点。此外,他们对书稿提出了很多宝贵意见,在此表示衷心感谢。

本书在编写中参考了一些科技书籍、教材和手册,在此,编者对于在本书编写中给予支持和帮助的有关同志表示感谢。由于水平有限,书中错误和缺点在所难免,恳请读者提出宝贵意见,以便修正。

编　者

2001 年 12 月

目录

绪　论

　　液压与气压传动技术以有压流体(液压油或压缩空气)为工作介质,来实现各种机械传动和控制。液压传动与气压传动实现传动和控制的方法基本相同,都是利用各种元件组成所需要的控制回路,再由若干回路有机组合成能完成一定控制功能的传动系统,以此来进行能量的传递、转换及控制。因此,要掌握液压与气压传动技术,就要了解工作介质的基本物理性能及其静力学、运动学和动力学特性;了解组成系统的各液压和气动元件的结构、工作原理、工作性能及由这些元件组成的各种控制回路的性能及特点,并在此基础上实际使用、调试、安装及维修液压和气压传动系统。

一、液压与气压传动技术在生活与工业中的实际应用

　　常用机械中,能量传递的方法主要有三种,即机械传动、电力传动、气压传动与液压传动。气压传动、液压传动易于用继电器控制、可编程序控制器控制(PLC)等智能控制器的开关信号来操作,因此广泛应用在各行各业的自动化生产设备中,并且应用越来越广泛。在我们的生活中,液压设备、气动工具的大量使用设备极大地减轻了人们的劳动强度,提高了劳动效率,改善和提升了人们的生活水平。

1. 液压千斤顶

　　(1) 液压千斤顶的应用

　　液压千斤顶是与电动泵站或手动油泵配套使用的一种起重液压工具。如图 0-1 所示,它广泛应用于建筑工程、造船、冶金、采矿、石油化工、铁道工程、救援,以及其他行业上的顶升、拉伸、压挤、防护等作业,具有结构简单、体积小、操作力小、劳动强度低、活塞升降变换灵活、速度快、重量轻等特点。液压千斤顶能顶起重物的重量由几吨到几十吨,重型液压千斤顶最大可以顶起上百吨的重物。

　　(2) 液压千斤顶的工作原理

　　一般小型手动液压千斤顶的省力原于两点,一是利用相连通的液体各处压力相同的帕斯卡原理(由于大小活塞面积不同,所以受力大小也不同,可用小的力量来带动重物运动,达到省力的目的)。二是应用杠杆原理(通过力臂长短的变化达到省力的目的)。

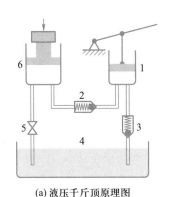

(a) 液压千斤顶原理图　　　　　　(b) 液压千斤顶实物图

图 0-1　液压千斤顶

1—小液压缸；2—排油单向阀；3—吸油单向阀；4—油箱；5—截止阀；6—大液压缸

2. 液压钳

（1）液压钳的应用

图 0-2a 所示为大型液压钳，由电动泵站、液压钳体、液压缸组成，主要用于钢筋混凝土结构的拆除、破碎。它的主要特点有：

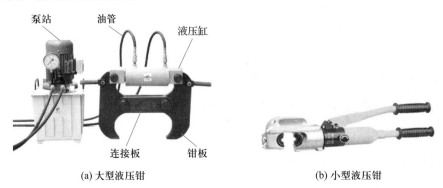

(a) 大型液压钳　　　　　　　　　(b) 小型液压钳

图 0-2　液压钳

1）体积小、使用方便，适于狭小场地施工。无噪声、无振动、无粉尘、效率高。

2）电动泵站配有安全溢流阀、回程限压阀，使整个系统的压力不超过其设定的额定压力，对整个系统起安全保护作用。

3）可靠性强。对钳体采用优化设计，结构合理、紧凑，可靠性高。

图 0-2b 所示为小型液压钳，与大型液钳相比，其工作不需要配套电动泵站，携带和使用十分方便，在我们的生活中应用十分广泛。

（2）液压钳的工作原理

液压钳由钳体、连接板、液压缸、油管及电动泵站组成，当电动泵站供给液压缸无杆腔高压油时，活塞杆伸出，推动钳口收缩，破碎钢筋混凝土结构。当电动泵站向有杆腔供油时，活塞杆收回，钳口松开。液压缸完成一次正反向供油，液压钳完成一次循环作业；正反向不断供油，液压钳反复做功，从而不断破碎混凝土结构。

3. 液压制动助力系统

（1）液压制动助力系统的应用

液压制动助力系统是把驾驶员输出的制动力进行放大，让制动片作用在制动盘上，产生摩擦阻力，从而完成车辆制动过程。

（2）液压制动助力系统的工作原理

汽车的制动助力有液压助力和气动助力两种。图 0-3 所示为液压制动助力系统。一般轿车均使用液压制动，而货车使用气动制动。汽车在高速行驶时的惯性很大，制动时需要的能量也很大，如只靠驾驶员的力量不足以在短时间内完成制动，就需要采用助力系统。液压助力系统工作时，由活塞推动制动片，实现用很小的力使汽车减速的目的。

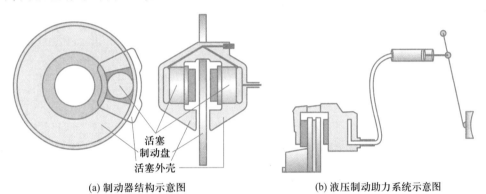

活塞
制动盘
活塞外壳

(a) 制动器结构示意图   (b) 液压制动助力系统示意图

(c) 实物图

图 0-3 液压制动助力系统

4. 射钉枪

（1）射钉枪的应用

射钉枪又称为射钉器，如图 0-4 所示，由于其外形和工作原理都与手枪相似，故名射钉枪，是利用空气压缩机产生的压缩空气为动力，将射钉打入物体的一种常用工具。这种强有力的工具能够以很高的速度射出射钉，瞬间便将射钉完全射入木头或水泥墙中。很明显，这种工具省时省力，不仅可以应用在家庭装饰、木材加工、木材包装，还可以用于建筑行业，应用范围较广。

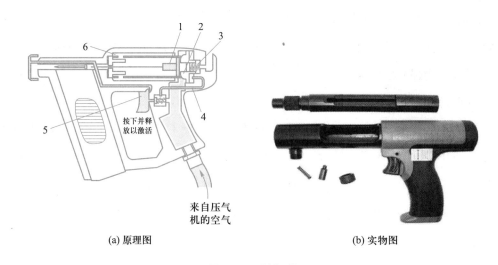

(a) 原理图　　　　　　　　　　(b) 实物图

图 0-4　射钉枪

1—活塞；2—阀门活塞；3—弹簧；4—塑料气管；5—扳机阀门；6—返回气体室

（2）射钉枪的工作原理

目前，市场上有各种各样的射钉枪，它们的工作原理不尽相同。但从最基本的功能来看，一个射钉枪只需要完成两项工作：

1）将压缩空气的能量转化成一次机械撞击的能量，而且可以快速重复。

2）当一个射钉被射出后，它能够自动装填下一个射钉。

5. 客车车门气动控制

图 0-5 所示为某品牌客车气动控制门。车门的控制系统主要由气缸、车门等组成，是利用压缩空气来驱动气缸活塞杆的伸缩，带动车门轴向左或向右转动，从而实现车门的开与关。当驾驶人员按下开门按钮时，气缸活塞杆缩回，车门打开；当按下关门按钮时，气缸活塞杆伸出，推动车门关闭。

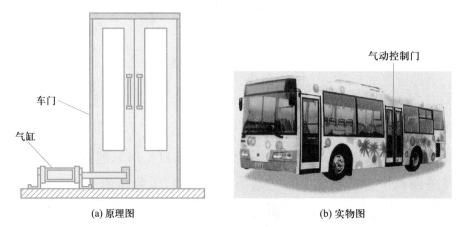

(a) 原理图　　　　　　　　　　(b) 实物图

图 0-5　某品牌客车气动控制门

气动技术在生活中的应用除了上述的射钉枪和车门开关控制外,还有很多,小到儿童的水枪、小区大门的闭门器、给轮胎打气的打气筒,大到拆卸汽车轮胎的风炮、矿山上凿岩的风钻、给农作物喷洒药剂的喷雾器等。这些小小的气动装置或机构,有的减轻了作业人员的劳动强度,有的改善了工作环境,或提高了工作效率,或增添了生活乐趣。

二、液压系统的工作原理与基本组成

1. 液压系统的工作原理

现以液压千斤顶为例,简述液压系统的工作原理。图0-6所示为液压千斤顶工作原理图,它由杠杆1、泵体2、活塞3、单向阀4和7组成的手动液压泵和活塞8、缸体9等组成的液压缸构成。其工作过程如下:提起杠杆1,活塞3上升,泵体2下腔的工作容积增大,形成局部真空,于是油箱12中的油液在大气压力的作用下,推开单向阀4进入泵体2的下腔;压下杠杆1时,活塞3下降,泵体2下腔的容积缩小,油液的压力升高,打开单向阀7,泵体2下腔的油液进入缸体9的下腔,使活塞8向上运动,把重物顶起。反复提、压杠杆1,就可以使重物不断上升,达到起重的目的。工作完毕,打开截止阀11,使缸体9下腔的油液通过管路10直接流回油箱,活塞8在外力和自重的作用下实现回程。

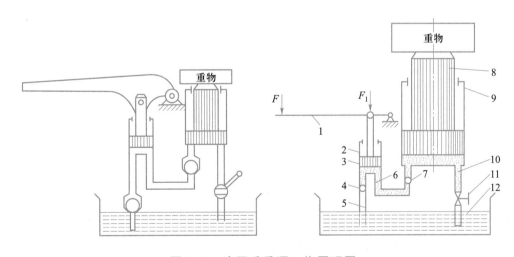

图 0-6 液压千斤顶工作原理图

1—杠杆;2—泵体;3、8—活塞;4、7—单向阀;5—吸油管;6、10—管路;9—缸体;11—截止阀;12—油箱

通过对上面液压千斤顶工作过程的分析,可以初步了解液压系统的基本工作原理,即液压系统利用有压力的液压油作为传递动力的工作介质。压下杠杆时,小油缸输出液压油,将机械能转换成油液的压力能。液压油经过管道及单向阀,推动大活塞举起重物,将油液的压力能又转换成机械能。大活塞的速度取决于单位时间内流入大液压缸中油量的多少。由此可见,液压传动是一个不同能量的转换过程。

2. 液压系统的组成

液压千斤顶是一种简单的液压传动装置。下面分析一种驱动工作台的液压系统。

机床工作台液压系统如图 0-7 所示,它由油箱、过滤器、液压泵、溢流阀、开停阀、节流阀、换向阀、液压缸,以及连接这些元件的油管、接头组成。其工作原理为:液压泵 17 由电动机驱动,从油箱中吸油,油液经过滤器 18 进入液压泵 17,油液在泵腔中从入口低压到泵出口高压,通过开停阀 10、节流阀 7、换向阀 5 进入液压缸 2 左腔,推动活塞 3 带动工作台 1 向右移动。这时,液压缸 2 右腔的油液经换向阀 5 和回油管 6 排回油箱 19。工作台的移动速度是通过节流阀 7 来调节的。当节流阀 7 开大时,进入液压缸 2 的油量增多,工作台的移动速度增大;当节流阀 7 关小时,进入液压缸 2 的油量减小,工作台的移动速度减小。为了克服移动工作台时所受到的各种阻力,液压缸 2 必须产生一个足够大的推力,这个推力是由液压缸 2 中的油液压力所产生的。要克服的阻力越大,缸中的油液压力就越高;反之压力就越低。这种现象正说明了液压传动的一个基本原理——压力取决于负载。从机床工作台液压系统的工作过程可以看出,一个完整的、能够正常工作的液压系统,由以下五个主要部分组成:

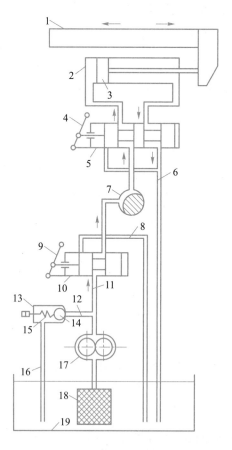

图 0-7　机床工作台液压系统

1—工作台;2—液压缸;3—活塞;4—换向手柄;5—换向阀;6、8、16—回油管;7—节流阀;9—开停手柄;

10—开停阀;11—压力管;12—压力支管;13—溢流阀;14—钢球;15—弹簧;17—液压泵;18—过滤器;19—油箱

1）动力装置。它是供给液压系统液压油,把机械能转换成液压能的装置,最常见的形式是液压泵。

2）执行装置。它是把液压能转换成机械能的装置。其形式有做直线运动的液压缸和做回转运动的液压马达,它们又称为液压系统的执行元件。

3）控制调节装置。它是对系统中的压力、流量或流动方向进行控制或调节的装置,如溢流阀、节流阀、换向阀等。

4）辅助装置。它是上述三部分之外的其他装置,如油箱、过滤器、油管等。它们对保证系统正常工作是必不可少的。

5）传动介质。它是传递能量的流体,即液压油。

三、气动系统的工作原理与基本构成

1. 气动系统工作原理

以图 0-8 所示气动剪切机为例,对气动系统的工作原理进行介绍。图示位置为剪切前的预备状态。空气压缩机 1 产生的压缩空气,经过冷却器 2、油水分离器 3 进行降温及初步净化后,送入储气罐 4 备用;压缩空气从储气罐 4 引出先经过空气过滤器 5 再次净化,然后经减压阀 6、油雾器 7 和气控换向阀 9 到达气缸 10。此时换向阀 A 腔的压缩空气将阀芯推到上位,使气缸 10 上腔充压,活塞处于下位,剪切机的剪口张开,处于预备工作状态。当送料机构将工料 11 送入剪切机并到达规定位置时,工料将行程阀 8 的阀芯向右推,行程阀 8 将换向阀 9 的 A 腔与大气连通。换向阀 9 的阀芯在弹簧的作用下移到下位,将气缸上腔与大气连通,气缸下腔与压缩空气连通。压缩空气推动活塞带动剪刀快速向上运动将工料剪下。

工料被剪下后即与行程阀 8 脱开,行程阀 8 阀芯在弹簧作用下复位,将换向阀 A 腔的排气孔通道封闭。换向阀 A 腔压力上升,阀芯移至上位,使气路换向。气缸 10 下腔排气、上腔进入压缩空气,推动活塞带动剪刀向下运动,系统又恢复到图示预备状态,待第二次进料。

图 0-8a 所示是一种半结构式的工作原理图,称为结构原理图。这种原理图直观性强、容易理解,但绘制起来较麻烦,系统中原件数量多时,绘制更加不方便。为了简化绘制,系统中各元件可用符号表示,这些符号只表示元件的职能(即功能)、控制方式及外部接口,不表示元件的具体结构和参数及连接口的实际位置和元件的安装位置,如图 0-8b 所示。国家标准 GB/T 786.1—2009 规定了流体传动系统及元件图形符号,各类元件的图形符号在下文分别介绍,具体可参照附录。

2. 气压传动系统的组成

1）气源装置。气源装置是将原动机的机械能转化为气体的压力能的装置。气源装置的核心是空气压缩机,还配有储气罐、气源净化处理装置等。在图 0-9 中,空气压缩机 2 由电动

机带动旋转,吸入空气,空气经压缩机压缩后,通过气源净化处理装置(图中未画出)冷却、分离(将压缩空气中凝聚的水分、油分等杂质分离出去),送到储气罐3及系统,此过程中,空气压缩机将电动机旋转的机械能转化为压缩空气的压力能,实现了能量转换。

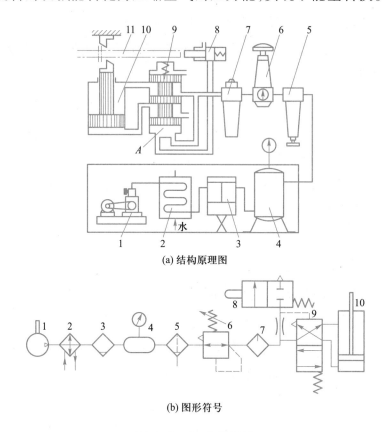

(a) 结构原理图

(b) 图形符号

图 0-8　气动剪切机

1—空气压缩机;2—冷却器;3—油水分离器;4—储气罐;5—空气过滤器;6—减压阀;

7—油雾器;8—行程阀;9—气控换向阀;10—气缸;11—工料

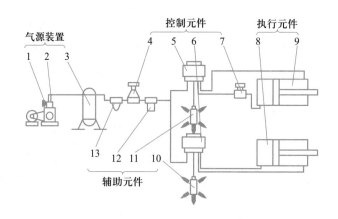

图 0-9　气压传动系统组成示意图

1—安全阀;2—空气压缩机;3—储气罐;4—减压阀;5、6—换向阀;7—流量控制阀;

8、9—气缸;10、11—消声器;12—油雾器;13—过滤器

2）执行元件。气动执行元件是将压缩空气的压力能转化为机械能的装置,包括气缸、气马达、真空吸盘。真空吸盘用于以真空压力为动力源的系统。在图0-9中,输入到气缸8和气缸9的是压缩空气的压力能,由气缸转换成输出往复直线运动的机械能,驱动设备工作。

3）控制元件。气动控制元件是用来调节和控制压缩空气的压力、流量和流动方向的元件,以保证执行元件按要求的程序和性能工作。在图0-9中,输入到气缸中的压缩空气的压力大小可根据负载的大小由减压阀4调节;气缸9活塞杆的伸出速度可通过流量控制阀7进行调节;气缸8和气缸9的往复运动方向分别由换向阀6和流量控制阀7进行控制;整个系统的最高压力由安全阀1限定。

4）辅助元件。辅助元件是指用来解决元件内部润滑、消除噪声、实现元件间的连接,以及信号转换、显示、放大、检测等所需的各种气动元件,如过滤器、油雾器、消声器、压力开关、各种管件及接头、气液转换器、气动显示器、气动传感器。在图0-9中,过滤器13用于过滤、去除杂质,油雾器12用于使润滑油雾化并注入气流中,对润滑部位进行润滑,消声器10、11用于降低排气噪声。

四、液压与气压传动的优缺点

液压传动的工作介质为液压油或其他合成液体,气压传动的工作介质为压缩空气,由于这两种流体的性质不同,所以液压传动和气压传动又各有其特点。

1. 液压传动的优点

1）液压传动可在运行过程中进行无级调速,调速方便且调速范围大。

2）在相同功率的情况下,液压传动装置的体积小、质量小、结构紧凑。

3）液压传动工作比较平稳、反应快、换向冲击小,能快速起动、制动和频繁换向。

4）液压传动的控制调节简单,操作方便、省力,易实现自动化,与电气控制结合,更易实现各种复杂的自动控制。

5）液压传动易实现过载保护,液压元件能够自行润滑,故使用寿命较长。

6）由于液压元件已实现了系列化、标准化和通用化,故安装、调试和使用都比较方便。

2. 液压传动的缺点

1）液体的泄漏和可压缩性使液压传动难以保证严格的传动比。

2）液压传动在工作过程中能量损失较大,传动效率较低。

3）液压传动对油温变化比较敏感,不宜在很高和很低的温度下工作。

4）液压传动出现故障时,不易诊断。

总的说来,液压传动的优点是十分突出的,其缺点将随着科学技术的发展而逐渐得到克服。

3. 气压传动与液压传动相比的优点

1）空气可以从大气中取,无介质费用和供应上的困难,将用过的气体排入大气,处理方便。泄漏不会严重影响工作,不会污染环境。

2）空气的黏度很小,在管路中的阻力损失远远小于液压传动系统,宜于远程传输及控制。

3）工作压力低,元件的材料和制造精度低。

4）维护简单,使用安全,气动控制系统特别适用于电子元件的生产中,也适用于食品及医药的生产中。

5）气动元件可以根据不同场合采用相应材料,因而能够在恶劣的环境（强振动、强冲击、强腐蚀和强辐射等）下正常工作。

4. 气压传动与电气、液压传动相比的缺点

1）气压传动装置的信号传递速度限制在声速（约 340 m/s）范围内,所以它的工作频率和响应速度远不如电子装置,并且信号会产生较大的失真和延滞,也不便于构成较复杂的回路,但这不会影响工业生产过程。

2）空气的压缩性远大于液压油的压缩性,因此在动作的响应能力、工作速度的平稳性方面不如液压传动。

3）气压传动系统工作压力低,输出力较小,且传动效率低。

五、液压与气压传动技术的应用及发展

工业生产的各个部门应用液压与气压传动技术的出发点是不尽相同的。例如,工程机械、矿山机械、压力机械和航空工业中采用液压传动的主要原因是其结构简单、体积小、质量轻、输出力大;机床上采用液压传动是由于其能在工作过程中方便地实现无级调速,易于实现频繁的换向,易于实现自动化;在电子工业、包装机械、印染机械、食品机械等方面应用气压传动主要是由于其操作方便,无油、无污染的特点。表 0-1 是液压与气压传动在各类机械行业中的应用。

表 0-1 液压与气压传动在各类机械行业中的应用

行业名称	应用举例	行业名称	应用举例
工程机械	挖掘机、装载机、推土机	轻工机械	打包机、注塑机
矿山机械	凿石机、开掘机、提升机、液压支架	灌装机械	食品包装机、真空镀膜机、化肥包装机
建筑机械	打桩机、液压千斤顶、平地机	汽车工业	高空作业车、自卸式汽车、汽车起重机
冶金机械	轧钢机、压力机、步进加热炉	铸造机械	砂型压实机、加料机、压铸机
锻压机械	压力机、横锻机、空气锤	纺织机械	织布机、抛砂机、印染机
机械制造	组合机床、冲床、自动线、气动扳手		

液压与气压传动发展到目前的水平主要是由于液压与气压传动本身的特点所致,随着工业的发展,液压与气压传动技术必将更加广泛地应用于各个工业领域。

单元1
液压传动系统的基本组成

> 液压传动是以液体为工作介质进行能量传递的。为了更好地理解和掌握液压传动原理、液压元件的结构及性能,正确使用和维护液压系统,就必须了解液压油的基本性质、分类及选用方法,掌握液体静态和运动的主要力学规律。

1.1 液压传动工作介质及液压传动的基础理论知识

一、液压油的主要性质

液压油的主要作用是传递能量,对相对运动的液压元件起润滑和冷却作用,减少泄漏,防止各种金属部件锈蚀。

1. 液体的可压缩性

液体受压缩而发生体积变化的性质称为液体的可压缩性。对液压系统来讲,由于压力变化引起的液体体积变化很小,故一般可认为液体是不可压缩的。但在液体中混有空气时,其压缩性显著增加,并将影响系统的工作性能。在有动态特性要求或压力变化范围很大的高压系统中,应考虑液体压缩性的影响,并应严格排除液体中混入的气体。

2. 液体的黏度

当液体在外力作用下流动时,由于液体与固体壁面的附着力及液体本身分子间的内聚力的存在,液体内各处的速度产生差异,液体在流动过程中内部产生摩擦力。由于这种摩擦力发生在液体内部,所以称为内摩擦力。液体在外力作用下流动时,在其内部产生内摩擦力的性质就称为液体的黏性。液体只有流动时才会呈现黏性,而静止的液体不产生黏性。黏性是液体非常重要的特性,其大小可以用黏度来衡量。

（1）动力黏度 μ

动力黏度表示液体黏性的内摩擦系数,由实验得出。流动液体液层间的内摩擦力大小与液层间的接触面积、液体的动力黏度 μ、液层间相对速度成正比,而与液层间的相对距离成反比,即动力黏度越大,流动的液体内摩擦力也越大。

（2）运动黏度 ν

动力黏度和液体密度的比值称为液体的运动黏度,即

$$\nu = \frac{\mu}{\rho} \tag{1-1}$$

运动黏度虽然没有明确的物理意义,但习惯上用它来标志液体的黏度。

（3）相对黏度

相对黏度又称为条件黏度,它是采用特定的黏度计在规定的条件下测出的液体黏度。我国采用恩氏黏度。

恩氏黏度用恩氏黏度计测定:将 200 mL 温度为 T 的被测液体装入黏度计内,使之由下部直径为 2.8 mm 的小孔流出,测出液体流尽所需时间 t_1;再测出 200 mL 温度为 20 ℃ 的蒸馏水在同一黏度计中流尽所需时间 t_2。这两个时间的比值即为被测液体在温度 T 时的恩氏黏度,即

$$E_t = \frac{t_1}{t_2} \tag{1-2}$$

液体的黏度随其压力变化而变化。对常用的液压油而言,压力增大时,黏度增大,但一般在液压系统使用的压力范围内,压力对黏度影响很小,可以忽略不计。当压力变化较大时,则需要考虑压力对黏度的影响。液体的黏度与压力的关系为

$$\nu_p = \nu_a (1 + 0.003p) \tag{1-3}$$

式中　ν_p——压力为 p 时液体的运动黏度;

　　　ν_a——压力为一个大气压时液体的运动黏度。

液体的黏度随温度升高而降低。这种黏度随温度变化的特性称为黏温特性。不同的液体,黏温特性也不同。在液压传动中,希望工作液体的黏度随温度变化越小越好,因为黏度随温度变化越小,对液压系统的性能影响也越小。

二、液压油的分类和选用

1. 液压油的分类

液压油品种很多,主要可分为两种:矿物油型液压油和难燃型液压油,另外还有一些专用液压油。其中矿物油型液压油具有润滑性好、腐蚀性小、黏度较高和化学稳定性较好等优点,在液压系统中应用最为广泛;而在一些高温、易燃、易爆的工作场合,为了安全,则多使用难燃型液压油。我国液压油分类见表 1-1。

表 1-1 我国液压油分类

类别 代号	L（润滑剂类）										
类型	矿物油型液压油							难燃型液压油				
品种 代号	HH	HL	HM	HG	HR	HV	HS	HFAE	HFAS	HFB	HFC	HFDR
组成和 特性	无抗氧剂的精制矿物油	精制矿物油并改善其防锈和抗氧性	HL油并改善其抗磨性	HM油具有黏滑性	HL油并改善其黏温性	HM油并改善其黏温性	无特定难燃性的混合液	水包油乳化液	水的化学溶液	油包水乳化液	含聚合物水溶液	磷酸酯无水合成液

2. 液压油的选用

液压油在工业润滑油中用量最大、应用面最广。液压油广泛用于冶金、矿山、工程机械、汽车、飞机、机床及其他液压系统中。选择液压油时首先依据液压系统所处的工作环境、系统的工况条件（压力、温度和液压泵类型）以及技术经济性（价格/使用寿命），按照液压油各品种的性能综合确定，见表 1-2、表 1-3；然后再根据系统的工作温度范围，参考液压泵的类型、工作压力等因素来确定黏度等级，见表 1-4。

表 1-2 各种液压油的典型性能

性能	矿物油型液压油							难燃型液压油				
	HH	HL	HM	HG	HR	HV	HS	HFAE	HFAS	HFB	HFC	HFDR
密度 ρ/（kg/m³）	<0.90	<0.90	<0.90	<0.90	<0.90	<0.90	<0.90	<1.0	<1.0	<1.0	<1.1	1.0~1.4
黏度	可选	可选	可选	可选	可选	可选	可选	低	低	高	可选	可选
黏温特性	良	良	良	好	好	良	好	差	差	良	优	差~良
低温特性	良	良	良	优	优	良	优	差	差	差	优	良~优
润滑和极压抗磨性	良	良	优	良	优	优	优	差	差	良	良	优
热氧化安定性	差	好	好	好	好	好	好	—	—	—	—	好
抗泡性	差	好	好	好	好	好	好	差	差	差	差	良

性能		矿物油型液压油							难燃型液压油				
		HH	HL	HM	HG	HR	HV	HS	HFAE	HFAS	HFB	HFC	HFDR
防锈性	液相	差	好	好	好	好	好	好	好	好	好	好	好
	气相	差	良	良	良	良	良	良	差	差	差	良	良
抗燃性		差	差	差	差	差	差	差	优	优	好	好	好
过滤性		好	好	良	良	良	良	良~好	—	—	差	良	好
最高使用压力 p_{max}/MPa		7	7	35	7	35	35	35	7	7	14	14	35
最高使用温度 t_{max}/℃		80	100	100	80	80	100	100	50	50	65	65	100

表 1-3　依据环境和工况条件选择液压油品种

工况条件	压力<7 MPa	压力 7~14 MPa	压力 7~14 MPa	压力>14 MPa
	温度<50 ℃	温度<50 ℃	温度 50~80 ℃	温度 50~80 ℃
室内固定设备	HL	HL 或 HM	HM	HM
寒冷天气、寒区或严寒区	HR	HV 或 HD	HV 或 HS	HV 或 HS
地下、水下	HL	HL 或 HM	HM	HM
高温热源、明火附近	HFAE 或 HFAS	HFB 或 HFC	HFDR	HFDR

表 1-4　按照工作温度范围和液压泵类型选用液压油

液压泵类型		运动黏度/(m²/s)		使用品种和黏度等级
		系统工作温度（5~40 ℃）	系统工作温度（40~80 ℃）	
叶片泵	<7 MPa	30~50	40~75	HM 油,32、46、68
	>7 MPa	50~70	55~90	HM 油,46、68、100
齿轮泵		30~70	95~165	HL 油(中、高压用 HM 油),32、46、68、100
轴向柱塞泵		40~75	70~150	HL 油(高压用 HM 油),32、46、68、100、150
径向柱塞泵		30~80	65~240	HL 油(高压用 HM 油),32、46、68、100、150

三、液体静力学基础知识

液体静力学研究的是液体处于静止状态下的力学规律和这些规律的实际应用。所谓"静止状态"是指液体内部质点之间没有相对运动。

1. 压力的表示方法

油液的压力是由油液的自重和油液受到外力作用产生的。在液压传动中,与油液受到的外力相比,油液的自重一般可以忽略不计。压力有两种表示方式,即绝对压力和相对压力。以绝对真空作为基准进行度量的压力称为绝对压力;以当地大气压为基准进行度量的压力称为相对压力。对于大多数工业测量仪表来说,大气压力并不能使仪表动作,所以仪表指示的压力是相对压力,又称表压力。本书提及的油液压力主要是指因油液表面受外力(不计大气压力)作用产生的压力,即相对压力或表压力。绝对压力和相对压力的关系为

相对压力=绝对压力-大气压力

当绝对压力小于大气压力时,比大气压力小的那部分数值称为真空度,即

真空度=大气压力-绝对压力

如图 1-1a 所示,油液充满密闭液压缸的左腔,当活塞受到外力 F 的作用时,液压缸左腔内的油液(被视为不可压缩)受活塞作用处于被挤压状态,同时油液对活塞有一个反作用力 F_p 而使活塞处于平衡状态。不考虑活塞的自重,则活塞平衡时的受力情形如图 1-1b 所示。作用于活塞的力有两个,一个是外力 F,另一个是油液作用于活塞的力 F_p。两力大小相等,方向相反,如果活塞的有效作用面积为 A,油液作用在活塞单位面积上的压力则为 F_p/A,活塞作用在油液单位面积上的压力为 F/A。油液单位面积上受到的作用力称为压强,工程上习惯称为压力,用符号 p 表示,即

$$p = \frac{F}{A} \tag{1-4}$$

式中　p——油液的压力,Pa;

　　　F——作用在油液表面的作用力,N;

　　　A——油液表面的承压面积,即活塞的有效作用面积,m^2。

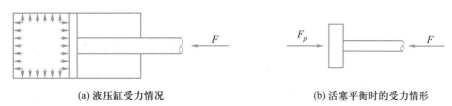

(a) 液压缸受力情况　　　　　　　　(b) 活塞平衡时的受力情形

图 1-1　油液压力的形成

静压力的特性如下：

1）液体所受静压力垂直于其作用表面，如果不垂直，即液体沿切向形成分力，则液体不能静止。

2）静止液体内任一点所受的静压力在各个方向上都相等，如果受力不等，则液体不会静止。

2. 液体静力学基本方程

如图 1-2 所示，密度为 ρ 的液体在容器内处于静止状态，作用在液面上的压力为 p_0，若计算离液面深度为 h 处某点的压力 p，可以假想从液面向下取出高度为 h，底面积为 ΔA 的一个微小垂直液柱为研究对象。

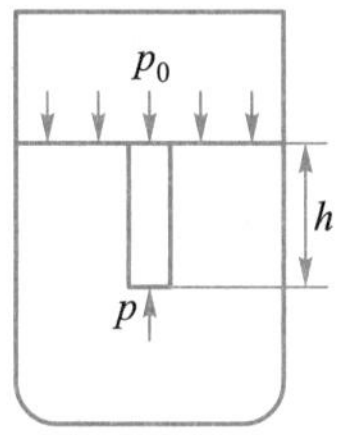

图 1-2　静止液体内压力分布

这个液柱在重力及周围液体的压力作用下处于平衡状态，所以有

$$p\Delta A = p_0\Delta A + \rho g h\Delta A \qquad (1-5)$$

得

$$p = p_0 + \rho g h \qquad (1-6)$$

式中　p_0——液体表面的压力，Pa；

　　　ρ——液体的密度，kg/m^3；

　　　h——液体的深度，m。

式（1-6）称为液体静力学基本方程。

根据式（1-6）可以得出以下几个关于静止液体的结论：

1）静止液体中任一点处的静压力是作用在液面上的压力 p_0 和由液体自重引起的对该点的压力 $\rho g h$ 之和。

2）液体静压力随深度 h 的增大而增加，呈线性规律。

3）距离液面深度相同的点所在的平面上的静压力相等，称为等压面。

3. 压力的传递

静止液体的压力具有以下特征：

1）静止的油液在任意一点所受到的各个方向的压力都相等，这个压力称为静压力。

2）油液静压力的作用方向垂直指向承压表面。

3）如果密闭容器内静止油液中任意一点的压力发生变化，那么这个压力的变化将被等值传递给油液的各点。这就是静压传递原理，即帕斯卡原理。

液压千斤顶（图 1-3）就是利用静压传递原理传递动力的。

手动杆 1 摆动时，小活塞 2 上下往复运动。小活塞 2 上移时，油液在大气压力作用下，经进油单向阀 4 进入泵腔内；小活塞 2 下移时，油液顶开排油单向阀 5 进入液压缸，使大活塞 7 带动负载 8 一起上升。反复上下扳动手动杆 1，负载 8 就会逐步升起。当停止工作时，打开卸荷阀 9 使油液全部流回油箱 10，实现卸荷。

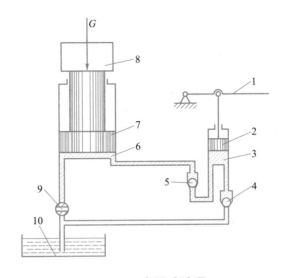

图 1-3　液压千斤顶

1—手动杆；2—小活塞；3—泵腔；4—进油单向阀；5—排油单向阀；

6—活塞缸；7—大活塞；8—负载；9—卸荷阀；10—油箱

小活塞 2 受到外力 F 作用时（液压千斤顶压油）时，泵腔 3 中油液产生的压力为

$$p_1 = \frac{F}{A_1} \qquad (1-7)$$

此压力通过油液传递到活塞缸 6，活塞缸 6 中的油液以压力 p_2 垂直作用于液压缸的大活塞 7 上，大活塞 7 上受到作用力 G，并且

$$\frac{F}{A_1} = \frac{G}{A_2} \qquad (1-8)$$

$$\frac{F}{G} = \frac{A_1}{A_2} \qquad (1-9)$$

式中　　F——作用在小活塞 2 上的力，N；

　　　　G——作用在大活塞 7 上的力，N；

　　A_1、A_2——小活塞 2、大活塞 7 的有效作用面积，m^2。

当大活塞 7 上有负载 G 时，油液会产生一定的压力 p，即

$$p = \frac{G}{A_2} \qquad (1-10)$$

千斤顶工作过程中，小活塞到大活塞之间形成了密封的工作容积，根据帕斯卡原理可知：在密闭容器中，施加于静止液体上的压力将以等值同时传递到液体内部各点。为了顶起负载，小活塞下腔就必须产生一个大于或者等于 p 的压力，所以小活塞上施加的力为

$$F_1 = pA_1 = \frac{A_1}{A_2}G \qquad (1-11)$$

由式(1-10)和式(1-11)可以看出,在 A_1、A_2 一定的情况下,油液压力 p 取决于负载 G,而小活塞上的作用力 F_1 则取决于压力 p。液压系统的负载越大,液体压力 p 越大,小活塞上所需要的作用力 F_1 就越大;反之,在不考虑摩擦力的情况下,如果液压系统空载工作,那么油液压力 p 和小活塞上的作用力 F_1 均为 0。液压传动的这一特征,可以简略表述为"压力取决于负载"。

四、液体动力学基础知识

液体动力学主要研究液体流动时的流动状态、运动规律及能量转换等问题。下文主要阐明流动液体的基本概念、连续性和能量守恒。

1. 基本概念

1)理想液体与实际液体。理想液体是指既无黏性又不可压缩的液体;实际液体是指既具有黏性又可压缩的液体。

2)液体的流动状态。定常运动:一般情况下,同一时刻流体各处的流速不同,但有些场合,流体质点流经空间任一给定点的速度是确定的,且不随时间变化,称为定常流动。例如,沿着管道或渠道缓慢流动的水流,在一段不长的时间内可以认为是定常流动。

3)流线和流束。为了形象地描述流体的运动,可在流体中画一系列曲线,每一点的切线方向与流经该点流体质点的速度方向相同,称为流线,如图 1-4 所示。定常流动中的流线不随时间的变化而改变,并且任何两条流线都不会相交。流线围成的管状区域称为流管。流束是指充满在流管内的流线群,如图 1-5 所示。

图 1-4 流线　　　　　　　　　　　　　图 1-5 流束

4)流量和平均流速。流量是指单位时间内通过通流截面的液体体积,用 q 表示,单位为 m^3/s 或 L/min。平均流速是指流量与通流截面的比值,即

$$v = \frac{q}{A} \tag{1-12}$$

在实际工程计算中,常用平均流速 v 代替实际流速 u,在计算流量时,平均流速 v 才具有应用价值,下文提到的流速通常为平均流速。式(1-12)中提到的通流截面面积 A 在液压系统中,即液体在管道中流动时,垂直于流动方向的截面面积。

2. 连续性方程

连续性方程是质量守恒定律在流体力学中的一种表达形式。

由质量守恒定律可知,液体在通道内流动时,液体的质量既不会增多,也不会减少,因此在单位时间内流过通道任一通流截面的液体质量一定是相等的。这就是液流的连续性原理,也称为液流的质量守恒定律。

设液体在图1-6所示的通道内流动。任取两通流截面Ⅰ—Ⅰ和Ⅱ—Ⅱ,其截面面积分别为 A_1 和 A_2,并且在两截面处液流的平均流速分别为 v_1 和 v_2。根据液流的连续性原理可知,在单位时间内流经截面Ⅰ—Ⅰ和Ⅱ—Ⅱ的液体质量应相等,即

$$\rho_1 v_1 A_1 = \rho_2 v_2 A_2$$

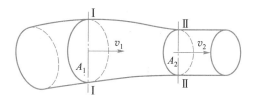

图1-6 液流的连续性

忽略液体可压缩性,且 $\rho_1 = \rho_2$,则

$$v_1 A_1 = v_2 A_2$$

或

$$q_v = vA = 常数 \tag{1-13}$$

3. 伯努利方程及其应用

伯努利方程是液体的能量方程,它实际上是能量守恒定律在流体力学中的一种表达形式。众所周知,自然界的一切物质总是不停地运动的,其所具有的能量既不能消失,也不能创造,只能从一种形式转换为另一种形式,或从一个物体转移到其他物体,且总量保持不变。这就是能量守恒定律。

1)理想液体的伯努利方程。理想液体伯努利方程(图1-7)的物理意义是:在密封管道内做恒定流动的理想液体在任意一个通流截面上具有三种形式的能量,即压力能、动能和势能,而且在三种能量之间可以相互转换,三种能量总和为一固定值,即所谓的能量守恒。理想液体的伯努利方程为

$$p_1 + \frac{1}{2}\rho v_1^2 + \rho g h_1 = p_2 + \frac{1}{2}\rho v_2^2 + \rho g h_2 \tag{1-14}$$

【例1-1】 有流量为 $60 \text{ cm}^3/\text{s}$ 的水流过如图1-8所示的管子。A 点的压力为 $2\times10^5 \text{ N/m}^2$,$A$ 点的截面积为 100 cm^2,B 点截面积为 60 cm^2。假设水的内摩擦可以忽略不计,求 A、B 点的平均流速和 B 点的压力。

解:假设 A 点通流截面面积为 A_1,B 点通流截面面积为 A_2。

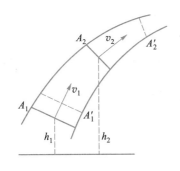

图 1-7 理想液体的伯努利方程

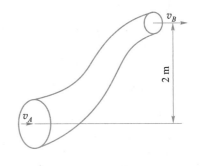

图 1-8 管子

由式(1-13),得

$$A_1 v_A = A_2 v_B = q$$

可得

$$v_A = \frac{q}{A_1} = \frac{60 \text{ cm}^3/\text{s}}{100 \text{ cm}^2} = 0.6 \text{ cm/s}$$

$$v_B = \frac{q}{A_2} = \frac{60 \text{ cm}^3/\text{s}}{60 \text{ cm}^2} = 1 \text{ cm/s}$$

由理想液体的伯努利方程可得

$$p_B = p_A + \frac{1}{2}\rho(v_A^2 - v_B^2) + \rho g(h_A - h_B) = 1.803\,2 \times 10^5 \text{ N/m}^2$$

2)实际液体的伯努利方程。实际液体具有黏性,因此实际液体流动时需要克服由于黏性产生的摩擦力,这必然要消耗能量,这样液流的总能量就在不断减少,即

$$p_1 + \frac{1}{2}\rho v_1^2 + \rho g h_1 = p_2 + \frac{1}{2}\rho v_2^2 + \rho g h_2 + w \tag{1-15}$$

或

$$(p_1 - p_2) + \rho g(h_1 - h_2) = w \tag{1-16}$$

可见,由于黏性的存在,要流体在管道中做定常运动,须在管道两端有压力差 $p_1 - p_2$ 和管道两端有高度差 $h_1 - h_2$ 两个条件中至少满足其一。

五、液体流动时的压力损失和流量损失

实际液体具有黏性,在流动时就有阻力,为了克服阻力,就必须要消耗一部分能量,这样就有能量损失。在液压传动中,能量损失主要表现为压力损失,它由沿程压力损失和局部压力损失两部分组成。这种能量损失转变为热量而损耗,使液压系统中工作介质温度升高、泄漏量增

加、效率下降。在设计液压系统时,正确估算损失压力的大小、寻求减少压力损失的途径是具有实际意义的。

液体在管路中的流动状态将直接影响液流的压力损失,因此,首先应分析两种液流的流动状态。

1. 层流、紊流和雷诺数

1)层流和紊流。大量的实验结果表明,在层流时,液体质点的运动互不干扰,液体的流动平行于管道轴线,且呈线性或层状;而在紊流时,液体质点的运动杂乱无章,既有平行于管道轴线的运动,也有激烈的横向脉动。

层流和紊流是两种不同性质的流态。在层流时,液体流速较低,质点受黏性制约,不能随意运动,黏性力起主导作用;在紊流时,液体流速较快,黏性制约作用减弱,惯性力起主导作用。

2)雷诺数。层流和紊流流动状态的物理现象可以用雷诺实验来观察,实验装置如图 1-9 所示。水箱 5 由进水管 2 不断供水,多余的水从隔板上端溢走,以保持水位恒定。水箱下部装有玻璃管 6,出口处用开关 7 控制管内液体的流速,水杯 3 内盛有红色的水。将开关 4 打开后,红色水经细导管流入水平玻璃管 6 中,缓慢打开开关 7,开始时,液体流速减小,红色水在玻璃管 6 中呈一条明显的直线,与玻璃管 6 中的清水互不混杂,说明管中的水是分层流动的,层与层之间互不干扰,这种流动状态即为层流。逐步开打开关 7,使玻璃管 6 中的液体流速增大到一定程度,可以看到红线开始呈波纹状,此时为过渡阶段。开关 7 再开大时,流速进一步加快,红色水流和清水完全混合,这种流动状态称为紊流。在紊流状态下,若将开关 7 逐渐关小,当流速减小到一定程度时,红线又会出现,水流重新恢复为层流。

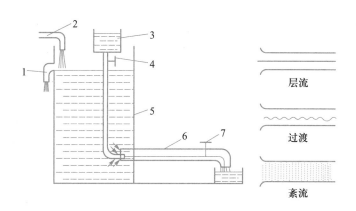

图 1-9　雷诺实验装置

1—出水管;2—进水管;3—水杯;4、7—开关;5—水箱;6—玻璃管

雷诺实验表明,液体在管道内的流态不仅与管道内液体的平均速度 v 有关,还与管道的直径及液体的运动黏度有关,液体流动时究竟是层流还是紊流,需用雷诺数来判断。对于不同情况下的液体流动状态,如果雷诺数相同,他们的流动状态也就相同。液体由层流转变为紊流时

的雷诺数和由紊流转变为层流时的雷诺数是不同的,后者的数值较小。所以一般都用后者作为判别液流状态的依据,称为临界雷诺数。当液流的雷诺数小于临界雷诺数时,液流为层流;反之,液流大多为紊流。

2. 液体流动时的压力损失

实际液体具有黏性,液体在流动时还会产生冲击和出现漩涡等。为了克服阻力,必然会造成一部分能量的损失。在液压管路中能量的损失表现为液体压力的损失。如图 1-10 所示油液从 A 处到 B 处,中间经过较长的直管路、弯曲管路、各种阀孔和管路截面的突变等,由于阻力的影响,油液在 A 处和 B 处的压力 p_A 与 p_B 不相等,并且 $p_A > p_B$,二者的压力差为 Δp,即 $\Delta p = p_A - p_B$,Δp 就称为这段管路中的压力损失。

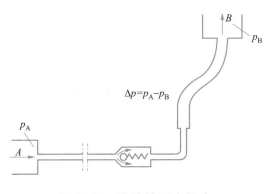

图 1-10   油液的压力损失

液体压力损失分为两种,一种是沿程压力损失,一种是局部压力损失。

1)沿程压力损失。液体在等径的直管道中流动时,因内外摩擦而产生的压力损失称为沿程压力损失。这类压力损失是由液体流动时液体内部、液体和管壁间的摩擦力,以及流动时质点间的互相碰撞引起的。沿程压力损失主要取决于液体的流速、液体的黏性、管道的长度,以及油管的内径等。流速越快,黏度越大,管路越长,沿程压力损失越大;而管道内径越大,沿程压力损失越小。

2)局部压力损失。液体流经局部障碍(如弯管、接头、管径截面突然扩大或缩小处)时,由于流动的方向和速度突然变化,形成漩涡、紊流等,使液体质点相互撞击造成的能量损失称为局部压力损失。在液压系统中,由于各种液压元件的结构、形状、布局等原因,使得管路的形式比较复杂,因而局部压力损失是主要的压力损失。

油液流动产生的压力损失,会造成功率浪费,系统温度升高,油液黏度下降,进而使泄漏增加,同时液压元件受热膨胀也会影响正常工作,甚至"卡死"。因此必须采取措施减少压力损失。一般情况下,只要油液黏度适当,管路内壁光滑,流速不太大,尽量缩短管路长度,减少管路的截面变化和弯曲,适当增大内径,可以将压力损失控制在较小范围内。

3. 液体流动时的流量损失

1)泄漏和流量损失。在液压系统正常工作的情况下,从液压元件的密封间隙漏过少量油液的现象称为泄漏。由于液压元件必然存在着一些间隙,当间隙的两端有压力差时,就会有油液从这些间隙中流过。所以,液压系统中泄漏现象总是存在的。

液压系统的泄漏包括内泄漏和外泄漏两种。液压元件内高、低压腔之间的泄漏称为内泄漏。液压系统内部的油液漏到系统外部的泄漏称为外泄漏。

2)流量损失的估算。流量损失一般采用近似估算的方法。液压泵输出流量的近似计算公式为

$$q_{V泵} = K_漏 \, q_{V缸} \tag{1-17}$$

式中 $q_{V泵}$ ——液压泵最大输出流量,m^3/s;

$q_{V缸}$ ——液压缸的最大流量,m^3/s;

$K_漏$ ——系统的泄漏系数,一般 $K_漏 = 1.1 \sim 1.3$。系统复杂或管路较长时取最大值,反之取小值。

六、液压冲击与空穴现象

1. 液压冲击

在液压系统中,由于某种原因引起液体压力在某一瞬间突然急剧上升,而形成很高的压力峰值,这种现象称为液压冲击。

(1)产生液压冲击的原因

1)阀门突然关闭引起液压冲击。如图 1-11 所示,有一较大容腔(如液压缸、蓄能器)与在另一端装有阀门 K 的管道相通。阀门开启时,管内液体流动。当阀门突然关闭时,从阀门处开始迅速将液体动能逐层转化为压力能,相应产生了从阀门向容腔推进的高压冲击波;此后,又从容腔开始将液体压力能逐层转化为动能,液体反向流动。然后,再次将液体动能转化为压力能而形成一高压冲击波。如此反复地进行能量转化,在管道内形

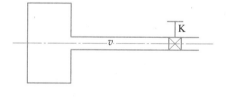

图 1-11 液压冲击

成压力振荡。由于液体内摩擦力和管道弹性变形等的影响,振荡过程会逐渐衰减而趋于稳定。

2)运动部件突然制动引起液压冲击。如换向阀突然关闭液压缸的回油通道而使运动部件制动时,这一瞬间运动部件的动能会转化为被封闭油液的压力能,压力急剧上升,出现液压冲击。

3)液压系统中某些元件反应不灵敏造成液压冲击。如系统压力突然升高时,溢流阀不能迅速打开溢流阀口,或者限压式变量泵不能及时自动减小输出流量,都会导致液压冲击。

（2）液压冲击的危害

在液压系统中产生液压冲击时，瞬时压力峰值有时比正常压力要大好几倍，会引起振动和噪声，导致密封装置、管路和液压元件的损坏，有时还会使某些液压元件（如压力继电器、顺序阀等）产生误动作，而影响系统正常工作。

（3）减小液压冲击的措施

1）延长阀门关闭和运动部件换向制动时间。当阀门关闭和运动部件换向制动时间大于0.3 s时，液压冲击就大大减小。为控制液压冲击可采用换向时间可调的换向阀。

2）限制管道内液体的流速和运动部件速度。如机床液压系统，常将管道内液体的流速限制在5.0 m/s以下，运动部件速度一般小于10 m/min。

3）适当加大管道内径或采用橡胶软管。这样可减小压力冲击波在管道中的传播速度，同时加大管道内径也可降低液体的流速，相应瞬时压力峰值也会减小。

4）在液压冲击源附近设置蓄能器。设置蓄能器可使压力冲击波往复一次的时间短于阀门关闭时间，而减小液压冲击。

2. 空穴现象

在液压系统中，如果某处压力低于油液工作温度下的空气分离压力，油液中的空气就会分离出来而形成大量气泡；当压力进一步降低到油液工作温度下的饱和蒸气压力时，油液会迅速气化而产生大量气泡。这些气泡混杂在油液中，产生空穴，使原来充满管道或液压元件中的油液成为不连续状态，这种现象称为空穴现象。

空穴现象一般发生在阀口和液压泵的进油口处。油液流过阀口的狭窄通道时，液流速度增大，压力大幅度下降，就可能出现空穴现象。液压泵的安装高度过高，吸油管道内径过小，吸油阻力太大，或者液压泵转速过高，吸油不充足等，均可能产生空穴现象。

液压系统中出现空穴现象后，气泡随油液流到高压区时，在高压作用下气泡会迅速破裂，周围液体质点以高速来填补这一空穴，液体质点间高速碰撞而形成局部液压冲击，使局部的压力和温度均急剧升高，产生强烈的振动和噪声。

在气泡凝聚处附近的管壁和元件表面，因长期承受液压冲击及高温作用，以及油液中逸出气体的较强腐蚀作用，使管壁和元件表面金属颗粒剥落。这种因空穴现象而产生的表面腐蚀称为气蚀。

为了防止产生空穴现象和气蚀，一般可采取下列措施：

1）减小流经小孔和间隙处的压力降，一般小孔和间隙前后的压力比$p_1/p_2<3.5$。

2）正确确定液压泵吸油管内径，对管内液体的流速加以限制；降低液压泵的吸油高度，尽量减小吸油管路中的压力损失，管接头良好密封；对于高压泵可采用辅助泵供油。

3）整个系统管路应尽可能直，避免急弯和局部窄缝等。

4）提高元件抗气蚀能力。

1.2 液压动力装置

在液压传动系统中,液压动力装置是一种能量转换装置,它将原动机的机械能转换成液体的压力能,为液压系统提供动力,是液压系统的重要组成部分。常用的液压动力装置为液压泵。

一、液压泵概述

1. 液压泵的工作原理

液压泵是液压系统的动力元件,是一种能量转换装置,它将原动机的机械能转换成液体的压力能,为液压系统提供动力,是液压系统的重要组成部分。

图1-12所示为最简单的单柱塞液压泵的工作原理。柱塞2安装在泵体3内,柱塞2在弹簧的作用下与偏心轮1接触。当偏心轮1不停地转动时,柱塞2作左右往复运动。柱塞2向右运动时,柱塞2和泵体3所形成的密封容积a增大,形成局部真空,油箱6中的油液在大气压力作用下,通过单向阀4进入泵体a腔,即液压泵吸油。柱塞2向左运动时密封容积a减小,由于单向阀4封住了吸油口,避免a腔油液流回油箱,于是a腔的油液经单向阀5压向系统,即液压泵压油。

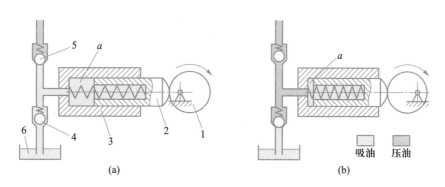

图1-12 单柱塞液压泵的工作原理
1—偏心轮;2—柱塞;3—泵体;4、5—单向阀;6—油箱

从上述泵的工作过程可以看出,液压泵是靠密封容积的变化来实现吸油和排油的,其输出油量的多少取决于柱塞往复运动的次数和密封容积变化的大小,故液压泵又称为容积式泵。

通过上述分析可以得出液压泵工作的基本条件:

1)在结构上能形成密封的工作容积。

2)密封工作容积能实现周期性的变化,密封工作容积由小变大时与吸油腔相通,由大变小时与排油腔相通。

3）吸油腔与排油腔必须相互隔开。

2. 液压泵的类型

液压泵的类型很多,按其排量能否调节而分成定量泵和变量泵两类,前者排量不可以调节,后者排量是可以调节的。液压泵的图形符号如图 1-13 所示。

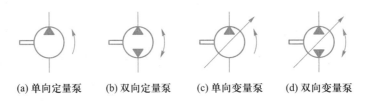

(a) 单向定量泵　　(b) 双向定量泵　　(c) 单向变量泵　　(d) 双向变量泵

图 1-13　液压泵的图形符号

液压泵按其结构形式的不同,可分为齿轮泵、叶片泵和柱塞泵三大类,每类中还有很多种形式,例如,齿轮泵有外啮合式和内啮合式,叶片泵有单作用式和双作用式,柱塞泵有径向式和轴向式。液压泵的分类如图 1-14 所示。

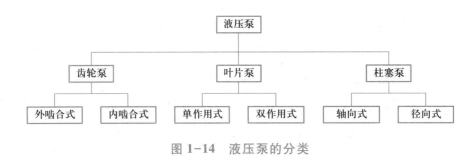

图 1-14　液压泵的分类

二、齿轮泵

齿轮泵在液压系统中应用广泛,按其结构形式可分为外啮合式和内啮合式两种。外啮合式齿轮泵,由于结构简单、制造方便、价格低廉、工作可靠、维修方便,因此广泛应用于低压系统。

1. 外啮合齿轮泵的工作原理

齿轮泵一般是定量泵,以外啮合齿轮泵应用最广。图 1-15a 所示为外啮合齿轮泵的工作原理图,泵体内有一对外啮合齿轮,齿轮的两端面靠泵端盖(图中未画出)密封。壳体、端盖和齿轮的各个齿间组成了许多密封工作腔。当齿轮泵按图示箭头方向旋转时,右侧吸油腔由于相互啮合的轮齿逐渐脱开,使密封容积逐渐增大而形成局部真空,油箱中的油液被吸进来,将齿间槽充满,并随着齿轮的旋转被带到左腔。而左边的油腔,由于轮齿逐渐进入啮合,密封工作腔容积不断减小,油液便从排油口排出。当齿轮不断旋转时,吸油腔不断吸油,压油腔不断排油。图 1-15b 为外啮合齿轮泵的图形符号。

这里啮合处齿面接触线将高、低压两腔分隔开,起着配流的作用,不需要专门的配流机构,这是齿轮泵的特点。

2. 外啮合齿轮泵的结构

CB-B 型齿轮泵是三片式结构的低压齿轮泵,其结构如图 1-16 所示。三片式指泵体 7 和泵前端盖 4、后端盖 8,三片由两个圆柱销 11 定位,用 6 个螺钉 5 固定,并构成齿轮泵的密封腔。主动轴 10 装有主动轴齿轮,从动轴 1 装有从动齿轮。泄漏通道 b 将泄漏到轴承的油,通过从动轴中心孔及通道 c 流回吸油腔。卸荷沟槽 d 使泵体与前后端盖结合面外泄的高压油流回吸油腔。

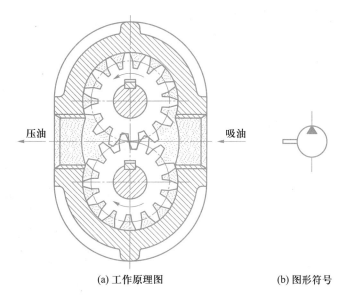

(a) 工作原理图　　　　(b) 图形符号

图 1-15　外啮合齿轮泵

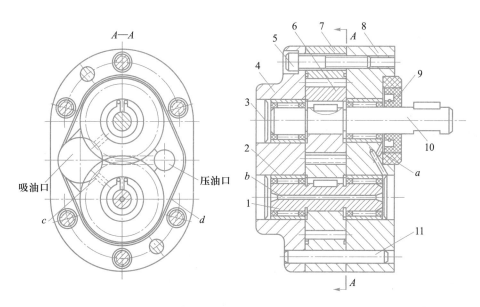

图 1-16　CB-B 型齿轮泵结构

1—从动轴;2—滚针轴承;3—堵头;4—前端盖;5—螺钉;

6—齿轮;7—泵体;8—后端盖;9—密封圈;10—主动轴;11—圆柱销

3. 外啮合齿轮泵的特点及用途

外啮合齿轮泵结构简单、尺寸小、重量轻、制造方便、价格低廉、工作可靠、自吸能力强(允许的吸油真空度大)、对油液污染不敏感、维护容易。但一些机件要承受不平衡径向力,磨损严重,泄露大,使得工作压力的提高受到限制。此外,它的流量脉动大,因而压力脉动和噪声都较大。故外啮合齿轮泵主要用于低压或对噪声污染要求不高的场合。

4. 内啮合齿轮泵的工作原理、结构和特点

内啮合齿轮泵有渐开线齿形和摆线齿形两种,其工作原理和主要特点与外啮合齿轮泵相同,只是两个齿轮的大小不一样,且相互偏置,如图 1-17 所示。当小齿轮按图示方向旋转时,齿轮退出啮合,容积增大而吸油,进入啮合则容积减小而压油。在渐开线齿形内啮合齿轮泵腔中,小齿轮和内齿轮之间要装一块月牙形隔板,把吸油腔和压油腔隔开,如图 1-17a 所示。摆线齿形内啮合齿轮泵又称摆线转子泵,由于小齿轮和内齿轮相差一齿,因而不需要设置隔板,如图 1-17b 所示。图 1-17c 所示为转子泵的实物图。

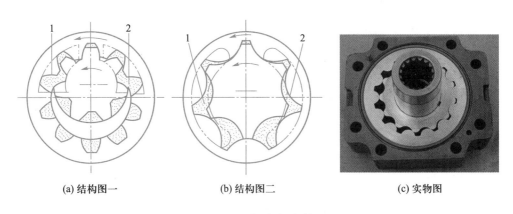

| (a) 结构图一 | (b) 结构图二 | (c) 实物图 |

图 1-17　内啮合齿轮泵

1—吸油腔;2—压油腔

内啮合齿轮泵结构紧凑、体积小、重量轻,由于啮合的重叠度大,传动平稳、噪声小、流量脉动小,但内齿轮的齿形加工复杂,价格较高。

5. 齿轮泵的常见故障及排除方法

齿轮泵在使用中,产生的故障较多,原因也很复杂,有时是几种因素联系在一起而产生故障,要逐个分析才能解决。齿轮泵的常见故障及排除方法见表 1-5。

表 1-5　齿轮泵的常见故障及排除方法

故障现象	产生原因	排除方法
噪声大	1) 吸油管接头、泵体与盖板的结合面、堵头和密封圈等处密封不良,有空气吸入	1) 用涂脂法查出泄漏处。更换密封圈;用环氧树脂黏结剂涂敷堵头配合面再压进;用密封胶涂敷管接头并拧紧;修磨泵体与盖板结合面,保证平面度误差不超过 0.005 mm

续表

故障现象	产生原因	排除方法
噪声大	2）齿轮齿形精度太低 3）端面间隙过小 4）齿轮内孔与端面不垂直,盖板上两孔轴线不平行,泵体两端面不平行等 5）两盖板端面修磨后,两困油卸荷凹槽距离增大,产生困油现象 6）装配不良,如主动轴转一周有时轻时重现象 7）滚针轴承等零件损坏 8）泵轴与电动机轴不同轴 9）出现空穴现象	2）配研(或更换)齿轮 3）配磨齿轮、泵体和盖板端面,保证端面间隙 4）拆检,修磨(或更换)有关零件 5）修整困油卸荷槽,保证两槽距离 6）拆检,装配调整 7）拆检,更换损坏件 8）调整联轴器,使同轴度小于 $\phi0.1\ \text{mm}$ 9）检查吸油管、油箱、过滤器、油位及油液黏度等,排除空穴现象
容积效率低、压力提不高	1）端面间隙和径向间隙过大 2）连接处泄漏 3）油液黏度太大或太小 4）溢流阀失灵 5）电动机转速过低 6）出现空穴现象	1）配磨齿轮、泵体和盖板端面,保证端面间隙;将泵体相对于两盖板向压油腔适当平移,保证吸油腔处径向间隙,再紧固螺钉,试验后,重新钻、铰销孔,用圆锥销定位 2）紧固各连接处 3）测定油液黏度,按说明书要求选用油液 4）拆检,修理(或更换)溢流阀 5）检查转速,排除故障 6）检查吸油管、油箱、过滤器、油位及油液黏度等,排除空穴现象
堵头和密封圈有时被冲掉	1）堵头将泄漏通道堵塞 2）密封圈与盖板孔配合过松 3）泵体装反 4）泄漏通道被堵塞	1）将堵头取出,涂敷环氧树脂黏结剂后,重新压进 2）更换密封圈 3）纠正装配方向 4）清洗泄漏通道

三、叶片泵

叶片泵在机床液压系统中应用较广。它具有结构紧凑、体积小、瞬时流量脉动微小、运转平稳、噪声小、使用寿命较长等优点。但也存在着结构复杂、吸油性能较差、对油液污染比较敏感等缺点。按输出流量是否可变,叶片泵可分为定量叶片泵和变量叶片泵。按工作原理不同,叶片泵可分为双作用泵和单作用泵两类,其中双作用泵由于输出排量不能变化,属于定量泵,而单作用叶片泵由于输出排量能变化,所以属于变量泵。

1. 定量叶片泵的工作原理与结构特点

（1）双作用叶片泵

图 1-18a 所示为双作用叶片泵的工作原理图,它由转子 1、定子 2、叶片 3、泵体 4 和配油盘 5 等组成。转子 1 和定子 2 同心安装,定子内表面由两段半径为 R 的圆弧、两段半径为 r 的圆弧和四段过渡曲线组成。当转子转动时,叶片在离心力和根部压力油的作用下,紧贴在定子内表面,叶片、定子的内表面、转子的外表面和两侧配油盘间形成若干个密封工作容积。当转子按图示顺时针方向转动时,密封的容积在左上角和右下角处逐渐增大,形成局部真空而吸油,为吸油区;在右上角和左下角处逐渐减小而压油,为压油区。因而,当转子每转一周,每个工作容积要完成两次吸油和压油,所以称之为双作用叶片泵。这种叶片泵由于有两个对称的吸油腔和两个对称的压油腔,所以作用在转子上的油液压力相互平衡,因此双作用叶片泵又称为平衡式叶片泵。

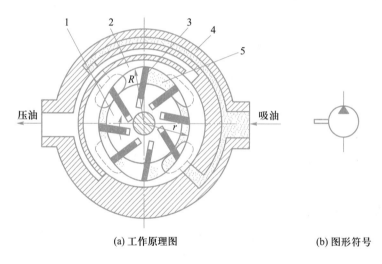

(a) 工作原理图   (b) 图形符号

图 1-18   双作用叶片泵

1—转子;2—定子;3—叶片;4—泵体;5—配油盘

（2）双联叶片泵

双联叶片泵相当于由一大一小两个双作用叶片泵组合而成,工作原理如图 1-19a 所示,其主要工作部件装在一个泵体内,由同一根传动轴驱动,泵体有一个共同的吸油口,两个各自独立的出油口。

双联叶片泵的输出流量可以分开使用,也可合并使用。例如,有快速行程和工作进给要求的机床液压系统,在快速轻载时,由大小两泵同时供给低压油;在重载低速时,高压小流量泵单独供油,大泵卸荷。这样可减少油液发热,降低功率损耗。双联泵也可用于为两个独立油路供油的液压系统中。

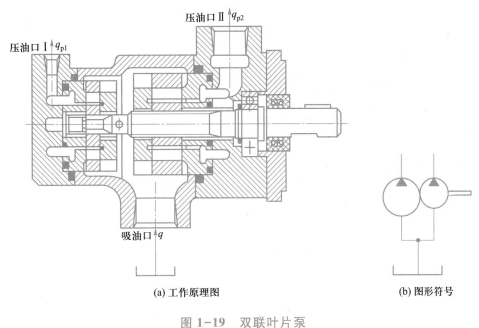

(a) 工作原理图　　　　　　　　　(b) 图形符号

图 1-19　双联叶片泵

2. 变量叶片泵的工作原理与结构特点

单作用叶片泵通过改变其偏心距的大小就可以改变泵的排量和流量,其偏心距可手动调节,也可自动调节,自动调节的变量泵根据其工作特性的不同,可分为限压式、恒压式和恒流量式三类,其中以限压式应用较多。

（1）单作用叶片泵

图 1-20a 所示为单作用叶片泵的工作原理图,它由转子 1、叶片 2、定子 3 等组成。该泵与定量泵的区别是:定子 3 的内孔是一个与转子偏心安装的圆环,两侧的配油盘上开有两个油窗,一个吸油窗,一个压油窗。这种叶片泵转子每转一周,转子、定子、叶片和配油盘之间形成的密封容积只变化一次,完成一次吸油和压油,因此称之为单作用叶片泵。

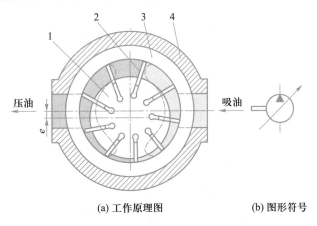

(a) 工作原理图　　　　　　　　　(b) 图形符号

图 1-20　单作用叶片泵

1—转子;2—叶片;3—定子;4—泵体

转子不停地旋转,泵就不断地吸油和压油,因这种转子受不平衡的径向液压力作用,所以又称为非平衡式叶片泵。

（2）限压式变量叶片泵

限压式变量叶片泵的流量改变是利用压力的反馈作用实现的,它有外反馈和内反馈两种形式。这里主要介绍外反馈限压式变量叶片泵。

图 1-21a 所示为外反馈限压式变量叶片泵的工作原理图,当油压较低时,柱塞 6 对定子 2 产生的推力不能克服弹簧 3 的作用力,定子被弹簧推在最左边的位置上,此时偏心量最大,泵输出流量也最大。柱塞 6 的一端紧贴定子 2,另一端则通液压油。柱塞对定子的推力随油压升高而加大,当它大于调压弹簧 3 的预紧力时,定子 2 向右偏移,偏心距减小。所以,当泵输出压力大于弹簧预紧力时,泵的输出流量开始变化,随着油压升高,输出流量减小。图 1-21b 所示为外反馈限压式变量叶片泵实物图。

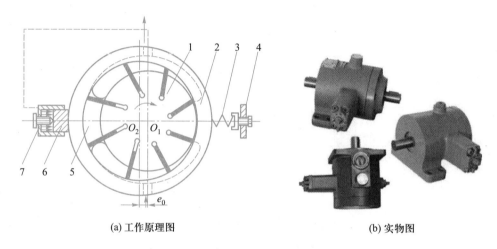

(a) 工作原理图　　　　　　　　　　(b) 实物图

图 1-21　外反馈限压式变量叶片泵

1—转子;2—定子;3—弹簧;4、7—调节螺钉;5—配油盘;6—柱塞

图 1-22 所示为外反馈限压式变量叶片泵的流量压力特性曲线,曲线 AB 段是泵的不变量段,只是因泄露量随工作压力的增加而增大,使实际输出流量减小。曲线 BC 段是泵的变量段,泵的实际输出流量随工作压力的增加迅速下降。曲线上 B 点的压力是 p_B,由图 1-21a 中弹簧 3 的预紧力确定。调节螺钉 7 可调节最大偏心量（初始偏心量）的大小。改变泵的最大输出流量 q_A,特性曲线 AB 段上下平移,当泵的供油压力 p 超过预先调整的压力 p_B 时,液压作用力大于弹簧的预紧力,此时定子向偏心量减小的方向移动,使泵的输出流量减小,压力越高,偏心量越小,输出流量越小,其变化规律如特性曲线 BC 段所示。调节弹簧 3 可改变限定压力 p_B 的大小,特性曲线 BC 段左右平移。而改变弹簧 3

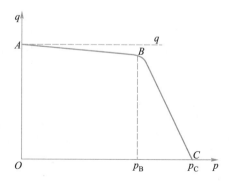

**图 1-22　外反馈限压式变量
叶片泵流量压力特性曲线**

的刚度,可以改变 BC 段的斜率,弹簧越"软",BC 段越陡,当定子和转子之间的偏心量为零时,系统压力达到最大值 p_C,泵向系统的输出流量为零。

3. 叶片泵的常见故障及其排除方法

叶片泵在工作时,抗油液污染能力较差,叶片与转子槽配合精度要求也较高,因此故障较多。定量叶片泵的常见故障及其排除方法见表1-6。

表1-6 定量叶片泵的常见故障及其排除方法

故障现象	产生原因	排除方法
噪声大	1)定子内表面拉毛 2)吸油区定子过渡表面轻度磨损 3)叶片顶部与侧边不垂直或顶部倒角太小 4)配油盘压油窗口上的三角槽堵塞或太短、太浅,引起困油现象 5)泵轴与电动机轴不同轴 6)超过公称压力下工作 7)吸油口密封不严,有空气进入 8)出现空穴现象	1)抛光定子内表面 2)将定子绕大半径翻面装入 3)修磨叶片顶部,保证其垂直度误差在0.01 mm以内;将叶片顶部倒角($C1$,或磨成圆弧形),以减小压应力的突变 4)清洗(或用整形锉修整)三角槽,以消除困油现象 5)调整联轴器,使同轴度误差小于$\phi0.01$ mm 6)检查工作压力,调整溢流阀 7)用涂脂法检查,拆卸吸油管接头,清洗,涂密封胶,装上并拧紧 8)检查吸油管、油箱、过滤器、油位及油液黏度等,排除空穴现象
容积效率低、压力提不高	1)个别叶片在转子槽内移动不灵活甚至卡住 2)叶片装反 3)定子内表面与叶片顶部接触不良 4)叶片与转子叶片槽配合间隙过大 5)配油盘端面磨损 6)油液黏度过大或过小 7)电动机转速过低 8)吸油口密封不严,有空气进入 9)出现空穴现象	1)检查配合间隙(一般为0.01～0.02 mm),若配合间隙过小应单槽研配 2)纠正装配方向 3)修磨工作面(或更换叶片) 4)根据转子叶片槽单配叶片,保证配合间隙 5)修磨配油盘端面(或更换配油盘) 6)测定油液黏度,按说明书选用油液 7)检查转速,排除故障 8)用涂脂法检查,拆卸吸油管接头,清洗,涂密封胶,装上并拧紧 9)检查吸油管、油箱、过滤器、油位及油液黏度等,排除空穴现象

四、柱塞泵

柱塞泵是依靠柱塞在缸体内往复运动,使密封容积发生周期性变化来实现吸油和压油的。柱塞泵的优点是压力高、结构紧凑、效率高、流量调节方便等;其缺点是结构复杂、价格高、加工精度和日常维护要求高,对油液的污染较敏感。柱塞泵按柱塞的排列和运动方向不同,可分为径向柱塞泵和轴向柱塞泵两大类。

1. 轴向柱塞泵的工作原理与特点

轴向柱塞泵的柱塞在缸体内轴向排列并沿圆周均匀分布,柱塞的轴线平行于缸体旋转轴线。按其结构特点可分为斜盘式和斜轴式两类。

（1）轴向柱塞泵的工作原理

图 1-23 所示为斜盘式轴向柱塞泵的工作原理图。它由斜盘 1、柱塞 5、缸体 7 和配油盘 10 等主要零件组成。斜盘 1 和配油盘 10 固定不动,斜盘法线与缸体轴线有交角 γ。传动轴 9 带动缸体 7、柱塞 5 一起转动,缸体上均匀分布了若干个轴向柱塞孔,孔内装有柱塞 5。内套筒 4 在弹簧 6 的作用下,通过压板 3 而使柱塞头部的滑履 2 紧靠在斜盘 1 上,同时外套筒 8 在弹簧 6 的作用下,使缸体 7 与配油盘 10 紧密接触,起到密封作用。当传动轴按图示方向旋转时,由于斜盘和压板的作用,迫使柱塞做往复运动。柱塞在其自下而上回转的半周内逐渐向外伸出,使缸体内密封工作腔容积不断增大,产生局部真空,从而将油液经配油盘 10 上的配油窗吸入;柱塞在其自上而下回转的半周内又逐渐向里推入,使密封工作腔容积不断减小,将油液从配油盘窗口向外压出。缸体每转一转,每个柱塞往复运动一次,完成一次吸压油。

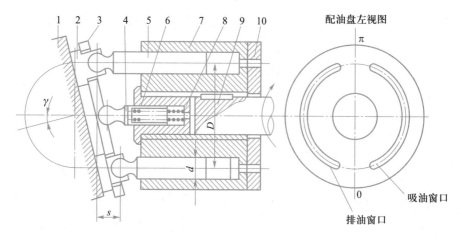

图 1-23　斜盘式轴向柱塞泵工作原理图

1—斜盘;2—滑履;3—压板;4—内套筒;5—柱塞;6—弹簧;7—缸体;8—外套筒;9—传动轴;10—配油盘

（2）轴向柱塞泵的特点

柱塞泵是靠柱塞在缸体内作往复运动,使密封容积发生周期性变化而吸油与压油的。由于构成密封容积的柱塞和缸体均为圆柱表面,加工方便,可得到较高的配合精度,故密封性能好,容积效率高。与齿轮泵和叶片泵相比,轴向柱塞泵具有压力高、结构紧凑、效率高、流量调节方便等优点,故广泛应用于需要高压、大流量、大功率的系统中和流量需要调节的场合,如龙门刨床、拉床、液压机、工程机械、矿山冶金机械及船舶。

2. 径向柱塞泵的工作原理与特点

（1）径向柱塞泵的工作原理

径向柱塞泵的工作原理图如图 1-24 所示,它主要由定子 1、转子(缸体)2、柱塞 3、配油轴 4 等组成。其中配油轴固定不动,柱塞 3 径向排列装在转子中,转子由电动机带动旋转,柱塞 3 在离心力或在低压油作用下,压紧定子 1 的内壁。当转子按图示方向转动时,由于定子 1 和转子 2 之间有偏心距 e,上半部的柱塞在离心力的作用下向外伸出,径向孔内的密封工作腔容积逐渐增大,从配油轴 4 的吸油腔的孔吸油;当转子 2 转到下半周时,柱塞 3 因受定子 1 内表面的推压作用而缩回,密闭容积逐渐减小,经配油轴的压油腔的孔向外压油。转子 2 每转一周,每个柱塞底部的密封容积完成一次吸压油,转子 2 连续运转,即完成吸压油工作。当移动定子 1 改变偏心距的大小时,可改变柱塞的行程,从而改变排量。如果改变偏心距的方向,则可改变吸、压油的方向。

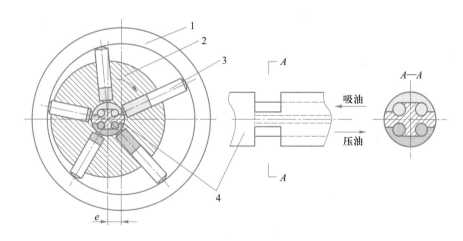

图 1-24　径向柱塞泵工作原理图

1—定子;2—转子;3—柱塞;4—配油轴

（2）径向柱塞泵的特点

径向柱塞泵的优点是性能稳定,耐冲击性能好,工作可靠;其缺点是径向尺寸大,配油轴受径向不平衡液压力的作用,结构复杂,易磨损,自吸能力差,泄漏间隙不能补偿,这些都限制了它的转速和压力的提高。

五、液压泵的主要性能参数及选用原则

在液压系统中,各类液压泵的主要性能参数有所不同,使用时应根据所要求的实际工作情况和液压泵的性能合理地进行选择。

1. 液压泵的主要性能参数

(1)工作压力和额定压力

1)工作压力 p。液压泵的工作压力是指泵实际工作时的压力。工作压力由系统负载决定,负载增加,泵的工作压力升高,负载减小,泵的工作压力降低。

2)额定压力 p_n 是指液压泵在使用中允许达到的最高工作压力,超过此值就是过载,额定压力受泵本身的结构强度和泄漏的制约。

由于液压传动的用途不同,系统所需压力也不相同。为了便于液压元件的设计、生产和使用,将压力分为几个等级,见表1-7。

表1-7　压力分级

压力等级	低压	中压	中高压	高压	超高压
压力/MPa	≤2.5	2.5~8	8~16	16~32	>32

(2)排量和流量

1)排量 V 指泵每转一转,理论上所能排出油液的体积。常用单位 cm^3/r 或 mL/r。排量的大小取决于液压泵密封腔的几何尺寸,又称为几何排量。

2)流量指液压泵在单位时间内排出油液的体积。流量单位为 L/min 或 m^3/s。

理论流量 q_t 是指泵在不计泄漏的情况下,单位时间内排出油液的体积。它等于排量和转速的乘积,即

$$q_t = Vn \tag{1-18}$$

实际流量 q 是指液压泵工作时实际输出的流量,由于泵存在内泄漏,所以实际流量小于理论流量。

额定流量 q_n 是指液压泵在额定转速和额定压力下由泵输出的流量。

(3)功率和效率

1)输入功率 P_i 是指驱动液压泵的电动机所需的功率。

2)输出功率 P_o 是指液压泵的工作压力和实际输出流量的乘积,即

$$P_o = pq \tag{1-19}$$

式中　P_o——液压泵的输出功率,W;

p——液压泵的工作压力，Pa；

q——液压泵的实际输出流量，m^3/s。

3) 容积效率 η_v。液压泵在工作中因泄漏造成了流量损失 Δq，使它输出的实际流量 q 总小于理论流量 q_t，即 $q = q_t - \Delta q$。液压泵的容积效率为实际输出流量与理论流量的比值，即

$$\eta_v = \frac{q}{q_t} = \frac{q}{Vn} \tag{1-20}$$

4) 机械效率 η_m。由于液压泵在工作中存在机械损耗和液体黏性引起的摩擦损失，因此，液压泵的实际输入转矩 T_i 必然大于泵所需理论转矩 T_t。机械效率为理论转矩与实际输入转矩之比，即

$$\eta_m = \frac{T_t}{T_i} \tag{1-21}$$

5) 总效率 η。液压泵的总效率为其输出功率 P_o 与输入功率 P_i 之比，即

$$\eta = \frac{P_o}{P_i} = \eta_v \eta_m \tag{1-22}$$

它也等于液压泵的容积效率 η_v 与机械效率 η_m 的乘积。

【例 1-2】 某液压泵铭牌上标有转速 $n = 1\ 450$ r/min，额定流量 $q_n = 60$ L/min，额定压力 $p_n = 80 \times 10^5$ Pa，该泵的总效率 $\eta = 0.8$，试求：

1) 该泵应选配的电动机功率是多少？

2) 若该泵使用在特定的液压系统中，该系统要求泵的工作压力 $p = 40 \times 10^5$ Pa，该泵应选配的电动机功率是多少？

解：驱动液压泵的电动机功率应按照液压泵的使用场合进行计算。当不明确液压泵在什么场合下使用时，可按铭牌上的额定压力、额定流量值进行功率计算；当液压泵的使用压力已经确定，则应按其工作压力进行功率计算。

1) 因为不知道泵的工作压力，故选取额定压力进行功率计算，即

$$P = \frac{p_n q_n}{\eta} = \frac{80 \times 10^5 \times 60 \times 10^{-3}}{0.8 \times 60}\ W = 10 \times 10^3\ W = 10\ kW$$

2) 因为泵的工作压力已经确定，故选取工作压力进行功率计算，即

$$P = \frac{p q_n}{\eta} = \frac{40 \times 10^5 \times 60 \times 10^{-3}}{0.8 \times 60}\ W = 5 \times 10^3\ W = 5\ kW$$

2. 液压泵的选用

在液压系统中，应根据液压设备的工作压力、流量、工作性能、工作环境等合理选用泵的类型和规格。同时，应考虑功率的合理利用、系统的发热及经济性等问题。

液压泵的选用可参考以下原则：

1）轻载小功率的液压设备,可选用齿轮泵、双作用叶片泵。

2）精度较高的机械设备(磨床),可用双作用叶片泵、螺杆泵。

3）负载较大,并有快、慢速进给的机械设备(组合机床),可选用限压式变量叶片泵、双联叶片泵。

4）负载大、功率大的设备(刨床、拉床、压力机),可用柱塞泵。

5）机械设备的辅助装置,如送料、夹紧等不重要场合,可选用价格低廉的齿轮泵。

常用液压泵的性能与应用范围见表1-8。

表1-8　常用液压泵的性能与应用范围

项目	齿轮泵	双作用叶片泵	单作用叶片泵	轴向柱塞泵	径向柱塞泵
工作压力/MPa	<20	6.3~21	≤7	20~35	10~20
转速范围/(r/min)	300~7 000	500~4 000	500~2 000	600~6 000	700~1 800
流量调节	不能	不能	能	能	能
容积效率	0.70~0.95	0.80~0.95	0.80~0.90	0.90~0.98	0.85~0.95
总效率	0.60~0.85	0.75~0.85	0.70~0.85	0.85~0.95	0.75~0.92
流量脉动率	大	小	中等	中等	中等
对油的污染敏感性	不敏感	敏感	敏感	敏感	敏感
自吸特性	好	较差	较差	较差	差
噪声	大	小	较大	大	较大
寿命	较短	较长	较短	长	长
应用范围	工程机械、农业机械、机床、航空、船舶、一般机械	机床、注塑机、液压机、起重运输机械、工程机械	机床、注塑机	矿山机械、锻压机械、冶金机械、起重机械、船舶、航空	机床、液压机、船舶

1.3　液压执行元件

液压缸和液压马达是将液体压力能转换为机械能的能量转换装置,是液压系统的执行元件。液压缸一般用于实现直线往复运动或往复摆动,液压马达用于实现旋转运动。

一、液压缸

液压缸俗称油缸,是液压传动系统中最常用的一种执行元件。由于液压缸结构简单、工作可靠、传动平稳、反应迅速,因此应用广泛。

1. 液压缸的工作原理、分类与特点

液压缸按其结构特点,可分为活塞缸、柱塞缸和摆动缸三种类型。活塞缸和柱塞缸用于实现往复直线运动,输出推力(或拉力)和速度。摆动缸用于实现小于360°的往复摆动,输出转矩和角速度。

液压缸按其作用方式可分为单作用液压缸和双作用液压缸两大类。单作用液压缸利用液压力推动活塞向一个方向运动,而反向运动则靠外力实现。双作用液压缸则利用液压力推动活塞做正反两个方向的运动,这种形式的液压缸应用最为广泛。双作用液压缸可分为单活塞杆液压缸和双活塞杆液压缸两种形式,双活塞杆液压缸在机床液压系统中应用较多,单活塞杆液压缸广泛应用于各种工程机械中。

(1)活塞式液压缸

活塞式液压缸可分为双活塞杆液压缸和单活塞杆液压缸两种结构,其固定方式有缸体固定和活塞杆固定两种。

1)双活塞杆液压缸。图1-25所示为双活塞杆液压缸。其活塞的两侧都有伸出杆,当两活塞杆直径相同、液压缸两腔的供油压力和流量都相等时,活塞(或缸体)两个方向的运动速度和推力也都相等。因此,这种液压缸常用于要求往复运动的速度和负载都相同的场合。

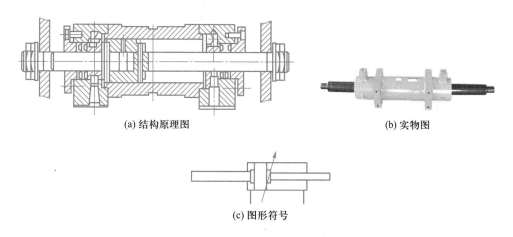

(a) 结构原理图　　　　　　　　(b) 实物图

(c) 图形符号

图1-25　双活塞杆液压缸

图1-26所示为缸体固定双活塞杆液压缸的结构原理图。当缸的左腔进液压油,右腔回油时,活塞带动工作台向右移动;反之,右腔进液压油,左腔回油时,活塞带动工作台向左移动。由图可知,这种工作台占地面积较大,常用于小型设备。

图 1-27 所示为活塞杆固定双活塞杆液压缸的结构原理图。活塞杆是空心的且固定不动,缸体与工作台相连,液压缸左腔进油,缸体带动工作台向左移动;液压缸右腔进油,工作台向右移动。这种工作台占地面积小,常用于大中型设备。

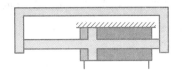

图 1-26　缸体固定双活塞杆
液压缸结构原理图

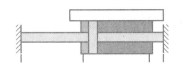

图 1-27　活塞杆固定双活塞杆
液压缸结构原理图

双活塞杆液压缸两根活塞杆的直径 d 通常是相等的,因此它的左、右两腔有效作用面积 A 也是相等的。当供油压力 p_1、流量 q 以及回油压力 p_2 相同时,液压缸左、右两个运动方向的液压推力 F 和运动速度 v 相等,即

$$F_1 = F_2 = pA = p(A_1 - A_2) = p\frac{\pi(D^2 - d^2)}{4} \tag{1-23}$$

$$v_1 = v_2 = \frac{q_v}{A} = \frac{q_v}{A_1 - A_2} = \frac{4q_v}{\pi(D^2 - d^2)} \tag{1-24}$$

式中　q_v——输入流量;

A_1、A_2——活塞面积、活塞杆面积,m^2;

v_1、v_2——左、右活塞(或缸体)的运动速度,m/s;

D、d——活塞、活塞杆直径,m;

p——液压缸进、出口压力,Pa。

2)单活塞杆液压缸。图 1-28 所示为单活塞杆液压缸。这种液压缸工作台的最大运动范围是活塞有效行程的 2 倍,结构紧凑,应用广泛。

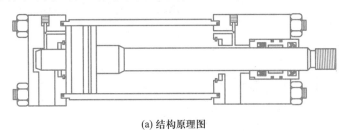

(a) 结构原理图

(b) 实物图

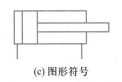

(c) 图形符号

图 1-28　单活塞杆液压缸

单活塞杆液压缸仅有一根活塞杆,活塞两端的有效面积不相等。当供油压力 p_1、流量 q_1,以及回油压力 p_2 相同时,液压缸左、右两个运动方向的液压推力 F 和运动速度 v 不相等。

当无杆腔进油、有杆腔回油时(图1-29),有

$$F_1 = p_1 A_1 - p_2 A_2 = p_1 \frac{\pi}{4} D^2 - p_2 \frac{\pi}{4}(D^2 - d^2) \tag{1-25}$$

$$v_1 = \frac{q}{A_1} = \frac{4q}{\pi D^2} \tag{1-26}$$

当有杆腔进油、无杆腔回油时(图1-30),有

$$F_2 = p_1 A_2 - p_2 A_1 = p_1 \frac{\pi}{4}(D^2 - d^2) - p_2 \frac{\pi}{4} D^2 \tag{1-27}$$

$$v_2 = \frac{q}{A_2} = \frac{4q}{\pi(D^2 - d^2)} \tag{1-28}$$

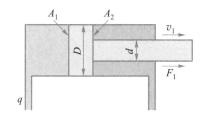

图1-29 无杆腔进油、有杆腔回油

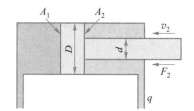

图1-30 有杆腔进油、无杆腔回油

比较以上各式,由于 $A_1 > A_2$,所以 $F_1 > F_2$,$v_1 < v_2$,即无杆腔进液压油时,推力大,速度低;有杆腔进液压油时,推力小,速度高。因此,单活塞杆液压缸常用于一个方向有较大负载但运行速度较低,另一个方向为空载快速退回的设备。如各种金属切削机床、压力机、注塑机、起重机的液压系统常用单杆活塞液压缸。

3)差动缸。图1-31所示为单活塞杆液压缸的差动连接原理图及实物图。当液压油同时进入液压缸的左、右两腔,这种连接方式称为液压缸的差动连接,差动连接的单活塞杆液压缸称为差动缸。由于无杆腔工作面积比有杆腔工作面积大,所以进油的压力虽相等,但活塞仍向右移动。若 $A_2 = A_1/2$,即 $D = \sqrt{2}\,d$,则差动缸的快进 v_3 与快退 v_2 的运动速度相等。差动缸在组合机床液压系统中采用较多。

差动连接时,活塞的推力 F_3 为

$$F_3 = p(A_1 - A_2) = p \frac{\pi}{4} d^2 \tag{1-29}$$

活塞的运动速度 v_3 为

$$v_3 = \frac{q + q'}{A_1} = \frac{4q}{\pi d^2} \tag{1-30}$$

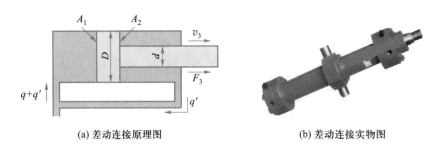

(a) 差动连接原理图　　　　　　　　(b) 差动连接实物图

图 1-31　单活塞杆液压缸的差动连接原理图及实物图

通过比较各式,可知在输入流量和工作压力相同的情况下,单杆活塞液压缸差动连接时能使其速度提高,同时其推力下降。

（2）柱塞式液压缸

柱塞式液压缸是单作用缸,在液压力作用下只能实现单方向运动,它的回程要借助于其他外力来实现。图 1-32 所示为柱塞式液压缸,柱塞 1 由缸盖处的导向套 3 导向,与缸体内壁不接触,因此缸体内孔不需要精加工,工艺性好,制造成本低,特别适用于行程较长的场合。

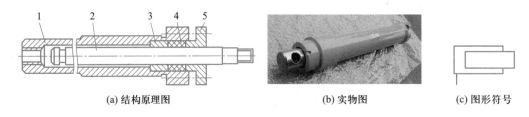

(a) 结构原理图　　　　　　　　(b) 实物图　　　　　　　　(c) 图形符号

图 1-32　柱塞式液压缸
1—缸筒;2—柱塞;3—导向套;4—密封圈;5—压盖

当柱塞式液压缸垂直安放时,可利用负载的重力实现回程。

当柱塞直径大、行程长且水平安放时,为防止柱塞因自重而下垂,常制成空心柱塞并设置支承套和托架。

在龙门刨床、导轨磨床、大型拉床等大行程设备的液压系统中,为了使工作台得到双向运动,柱塞式液压缸常成对使用。

（3）伸缩式液压缸

伸缩式液压缸又称为多级液压缸,如图 1-33 所示。它分为柱塞式单作用伸缩缸和活塞式双作用伸缩缸。它们由两级或多级缸套装而成,前一级缸的柱塞（或活塞）是后一级缸的缸筒,柱塞（或活塞）伸出后可获得很长的行程,缩回后可保持很小的安装尺寸。通入液压油时,各级柱塞（或活塞）的伸出按工作面积的大小依次先后动作。在输入流量不变的情况下,输出速度逐级增大。

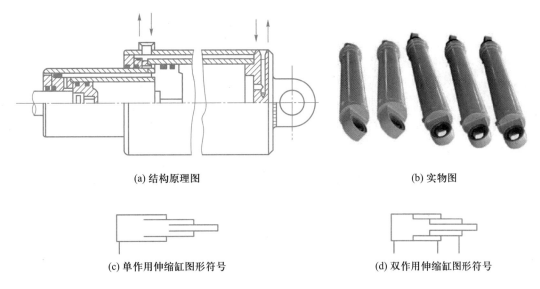

(a) 结构原理图 (b) 实物图

(c) 单作用伸缩缸图形符号 (d) 双作用伸缩缸图形符号

图 1-33 伸缩式液压缸

（4）摆动式液压缸

摆动式液压缸又称为摆动式液压马达或回转液压缸。它把液压油的压力能转变为摆动运动的机械能。常用的摆动式液压缸有单叶片式和双叶片式两种类型。

图 1-34 所示为摆动式液压缸。它由定子块、缸体、弹簧、密封镶条、转子、叶片、支承盘及盖板等零件组成。定子块 1 固定在缸体 2 上，叶片 5 与输出轴连为一体。当两油口交替通入液压油时，叶片 5 即带动输出轴做往复摆动。

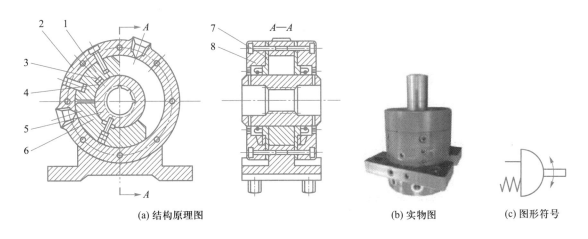

(a) 结构原理图 (b) 实物图 (c) 图形符号

图 1-34 摆动式液压缸

1—定子块；2—缸体 ；3—弹簧；4—密封镶条；5—转子；6—叶片；7—支承盘；8—盖板

单叶片式摆动液压缸的摆动角度一般不超过 280°。当结构尺寸、输入压力相同时，双叶片式摆动液压缸输出转矩是单叶片式摆动液压缸的 2 倍，而摆动角度为单叶片式摆动液压缸的 1/2（一般不超过 150°）。图 1-35 所示为单叶片式和双叶片式摆动液压缸。

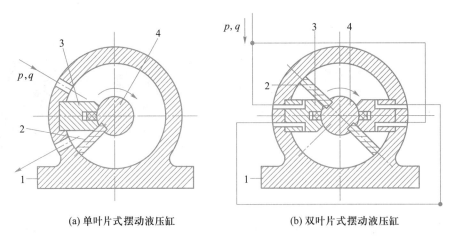

(a) 单叶片式摆动液压缸　　　　　(b) 双叶片式摆动液压缸

图 1-35　单叶片式和双叶片式摆动液压缸

1—缸体;2—叶片;3—定子块;4—摆动轴

摆动式液压缸结构紧凑,输出转矩大,但密封性差,一般只用于中、低压系统中往复摆动、转位或间歇运动的机构,如机床的送料机构、间歇进给机构、回转夹具、工业机器人的手臂和手腕的回转装置及工程机械回转机构。

（5）齿条活塞式液压缸

齿条活塞式液压缸如图 1-36 所示,它由带有齿条杆的双作用活塞缸和齿轮齿条机构组成,活塞往复移动经齿条、齿轮变成齿轮轴的往复转动。

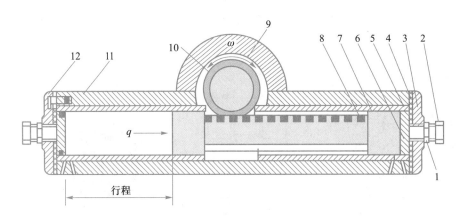

图 1-36　齿条活塞式液压缸

1—紧固螺帽;2—调节螺钉;3—端盖;4—垫圈;5—O 形密封圈;6—挡圈;

7—缸套;8—活塞;9—齿轮;10—传动轴;11—缸体;12—螺钉

2. 液压缸的典型结构与组成

（1）液压缸的典型结构

双作用单活塞杆液压缸是最具有代表性的液压缸,它可以通过差动连接,在不增加液压泵流量的前提下实现快速运动,广泛应用于组合机床的液压滑台和各类专用机床中,是工程机械中常用的液压缸。图1-37所示为双作用单活塞杆液压缸。它由活塞杆、活塞、缸筒、前缸盖、后缸盖、导向套、拉杆等主要零件组成。

如图1-37a所示,当液压油从 a 口进入液压缸左腔时,活塞向右移动,缸筒右腔油液从 b 口排出;反之活塞向左移动。为了减小活塞运动时的冲击和振动,在缸的两端设有缓冲及排气装置;为了防止油液的泄漏,在缸筒与活塞、活塞杆与导向套、缸筒与端盖等处均安装密封装置,并用拉杆将缸筒、端盖等连接在一起。

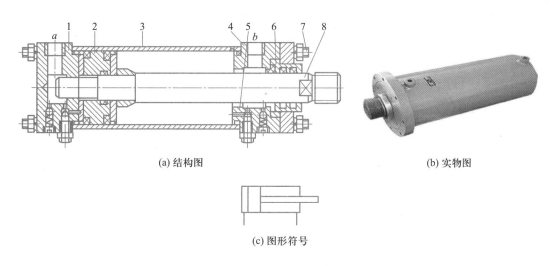

(a) 结构图   (b) 实物图

(c) 图形符号

图1-37 双作用单活塞杆液压缸

1—前缸盖;2—活塞;3—缸筒;4—后缸盖;5—缓冲及排气装置;6—导向套;7—拉杆;8—活塞杆

(2)液压缸各组成部分的结构形式

从上面的例子中可以看出,液压缸的结构可分为缸筒和缸盖、活塞和活塞杆,以及密封装置三个主要部分。

1)缸筒和缸盖。缸筒和缸盖用各种方式连接在一起。图1-38a所示为法兰连接,缸筒与法兰盘采用焊接,特点是结构简单,便于加工和拆装,但外形尺寸较大。图1-38b所示为半拉环连接,拆装方便,但环形键槽对缸壁强度有所削弱。图1-38c、d所示为螺纹连接,优点是外径较小、重量轻,缺点是结构复杂,工艺性差。图1-38e所示为拉杆连接,这种结构通用性大,容易加工和拆装,缺点是外形尺寸和质量较大。图1-38f所示为焊接连接(仅用于后端盖),特点是加工简单、工作可靠,尺寸较小,但容易产生变形,常将缸盖止口与缸筒内孔的配合选用过渡配合来限制焊接后的变形。

2)活塞和活塞杆如图1-39所示。活塞一般用耐磨铸铁、灰铸铁、铝合金、35钢和45钢等制成;活塞杆常用35钢、45钢或无缝钢管做成实心或空心杆。

活塞和活塞杆之间的连接形式如图1-40所示。

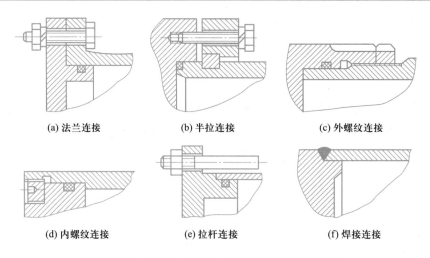

(a) 法兰连接   (b) 半拉连接   (c) 外螺纹连接

(d) 内螺纹连接   (e) 拉杆连接   (f) 焊接连接

图 1-38   常见缸筒和缸盖的连接形式及结构

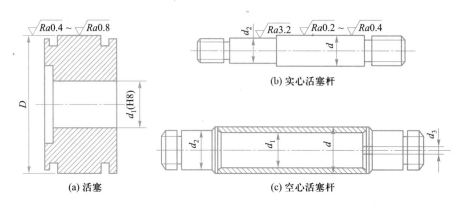

(b) 实心活塞杆

(a) 活塞   (c) 空心活塞杆

图 1-39   活塞和活塞杆

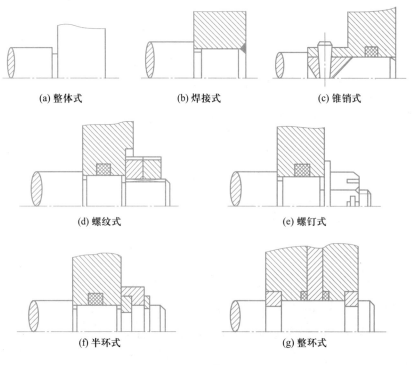

(a) 整体式   (b) 焊接式   (c) 锥销式

(d) 螺纹式   (e) 螺钉式

(f) 半环式   (g) 整环式

图 1-40   活塞和活塞杆之间的连接形式

3）液压缸的缓冲装置。当质量较大的活塞及运动件以较高的速度运动到缸筒的终端时，由于动量很大，将会与端盖发生机械碰撞，产生很大的冲击和噪声，从而严重影响运动精度，甚至会损坏液压缸及主机设备。为避免这些不利情况的发生，一般的液压缸上常设有缓冲装置。缓冲装置的工作原理如下：当活塞及运动件快速接近端盖时，通过节流使回油阻力逐渐增大，从而在液压缸的回油腔产生较大的缓冲压力，活塞受阻而制动，避免了与缸盖快速碰撞。常见的缓冲装置如图 1-41 所示。

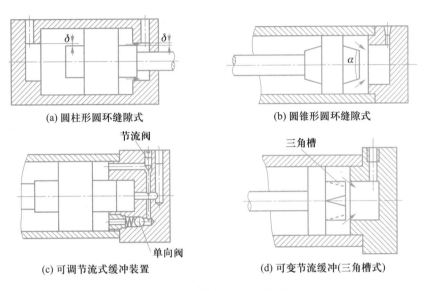

(a) 圆柱形圆环缝隙式   (b) 圆锥形圆环缝隙式

(c) 可调节流式缓冲装置   (d) 可变节流缓冲(三角槽式)

图 1-41　常见的缓冲装置

4）液压缸的排气装置。液压系统中如果混入空气，其工作会不稳定，产和振动、噪声、低速爬行及起动时突然前冲现象。要保证液压缸的正常工作，须排除积留在液压缸内的空气。对运行要求平稳的液压缸，两端应有排气塞。图 1-42 所示为排气装置结构图。工作前拧开排气塞，使活塞全行程空载往返几次，空气即可通过排气塞排出。空气排净后，需要把排气塞关闭，液压缸便可正常工作。

3. 液压缸的安装、调整、常见故障和排除方法

（1）液压缸的安装

液压缸安装的合理与否，对系统工作性能有很大影响，因此安装液压缸时，应注意以下几点：

1）装配前应清洗零件，去除毛刺。

2）活塞与活塞杆组装好后，应检测两者的同轴度（同轴度误差应小于 $\phi 0.04$ mm）和活塞杆的直线度（直线度误差应小于 0.1 mm/1 000 mm）。

3）缸盖装上后，应调整活塞与缸体内孔、缸盖导孔的同轴度；均匀紧固螺钉，以使活塞在全行程内移动一致。

4）液压缸的装配应保证液压缸的中心线与负载作用中心线同轴度的要求，以免因存在侧向力而导致密封件、活塞和缸体内孔过早磨损。

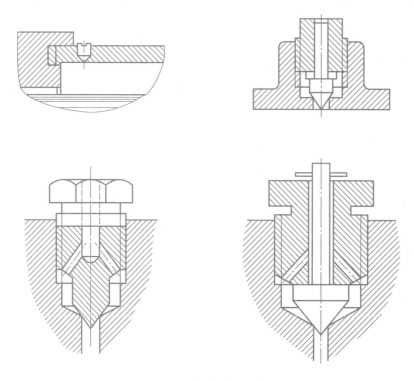

图 1-42　排气装置结构图

5）对于较长液压缸,应考虑热变形和受力变形对液压缸工作性能的影响。

6）液压缸的密封圈不应调得过紧(特别是 V 形密封圈)。如过紧,活塞运动阻力会增大,同时因密封圈工作面无油润滑也会导致其严重磨损(伸出的活塞杆上能见到油膜,但无泄漏,即认为密封圈松紧合适)。

总之,液压缸安装时,必须严格按技术要求进行操作和检测,以保证其工作可靠。

（2）液压缸的调整

液压缸安装完毕应进行液压装置的试运行。在检查液压缸各个部位无泄漏及其他异常之后,应排除液压缸内的空气。有排气塞(阀)的液压缸,先将排气塞(阀)打开,对压力高的液压系统应适当降低压力(一般为 0.5~1.0 MPa),让液压缸空载全程快速往复运动,使缸内(包括管道内)空气排尽后,再将排气塞(阀)关闭。对于有可调式缓冲装置的液压缸,还需调整起缓冲作用的节流阀,以便获得满意的缓冲效果。调整时,先将节流阀通流面积调至较小,然后慢慢地调大,调整合适后再锁紧。在试运行中,应检查进、回油口配油管部位和密封部位有无漏油,以及各连接处是否牢固可靠,以防事故发生。

（3）液压缸的常见故障及其排除方法

除泄漏现象在液压缸试运行时能发现外,其余故障多在液压系统工作时才能暴露出来。现将液压缸的常见故障和排除方法列于表 1-9。

表 1-9 液压缸的常见故障和排除方法

故障现象	产生原因	排除方法
爬行	1）空气混入	1）打开排气塞（阀），使运动部件空载全行程快速往复运动 20～30 min
	2）活塞杆的密封圈压得太紧	2）调整密封圈，保证活塞杆能用手推拉动而在试车时无泄漏即可（允许微量渗油，即在活塞杆上能见到油膜）
	3）活塞杆与活塞同轴度过低	3）校正活塞、活塞杆组件，保证其同轴度误差小于 $\phi0.04$ mm
	4）活塞杆弯曲变形	4）校正（或更换）活塞杆，保证直线度误差小于 0.1 mm/1 000 mm
	5）安装精度破坏	5）检查和调整液压缸中心线对导轨面的平行度及与负载中心线的同轴度
	6）缸体内孔圆柱度超差	6）镗磨缸体内孔，然后配制活塞（或增装 O 形密封圈）
	7）活塞杆两端螺母太紧，导致活塞与缸体内孔同轴度降低	7）活塞杆两端的螺母不宜太紧，一般应保证在液压缸未工作时活塞杆处于自然状态
	8）采用间隙密封的活塞，其压力平衡槽局部磨损，不能保证活塞与缸体孔的同轴度	8）更换活塞
	9）导轨润滑不良	9）适当增加导轨的润滑油量（或采用具有防爬性能的 L-HG 液压油）
推力不足或速度逐渐下降甚至停止	1）缸体内孔和活塞的配合间隙太小，或活塞上装 O 形密封圈的槽与活塞不同轴	1）单配活塞，保证间隙，或修正活塞密封圈槽，使之与活塞外圆同轴
	2）缸体内孔和活塞配合间隙太大或 O 形密封圈磨损严重	2）单配活塞，保证间隙，或更换 O 形密封圈
	3）工作时经常用某一段，造成缸体内孔圆柱度误差增大	3）镗磨缸体内孔，单配活塞
	4）活塞杆弯曲，造成偏心环状间隙	4）校直（或更换）活塞杆
	5）活塞杆的密封圈压得太紧	5）调整密封圈压紧力，以不漏油为限（允许微量渗油）
	6）油温太高，油液黏度降低太大	6）分析油温太高的原因，消除温升太高的根源
	7）导轨润滑不良	7）调整润滑油量

二、液压马达

从原理上来说,液压马达和液压泵是可逆的,有一种液压泵就对应一种液压马达。但由于它们的任务和要求不同,故在结构上略有差别,液压马达的图形符号如图 1-43 所示。

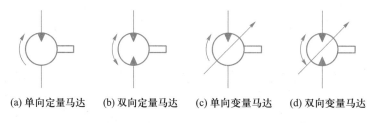

(a) 单向定量马达　　(b) 双向定量马达　　(c) 单向变量马达　　(d) 双向变量马达

图 1-43　液压马达的图形符号

1. 液压马达的工作原理、分类与结构特点

（1）齿轮式液压马达

图 1-44 所示为齿轮式液压马达。p 是两个齿轮的啮合点,p 点到上下两齿轮的距离分别是 a 和 b,当液压油输入到齿轮马达的右侧油口（即进油口）时,处于进油腔的所有齿轮均受到液压油的作用。

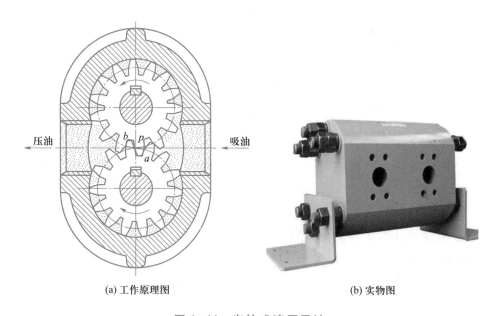

压油　　　　　　　　　　　　吸油

(a) 工作原理图　　　　　　　　　(b) 实物图

图 1-44　齿轮式液压马达

当液压油作用在齿面上时,每个齿轮上都受到方向相反的两个切向力作用,由于 a 和 b 值都比齿高 h 小,因此,在两齿轮上分别作用着两个不平衡力 $pB(h-a)$ 和 $pB(h-b)$,其中 p 为工作压力,B 为齿宽。在上述两不平衡力的作用下,两齿轮就会按图 1-44 所示的方向旋转,并将油液带到排油口排出。齿轮马达产生的转矩与齿轮旋转方向一致,所以齿轮马达能输出转矩和转速。当液压油输入到齿轮马达的左侧油口（即排油口）时,马达则反向旋转。

（2）叶片式液压马达

图 1-45 所示为叶片式液压马达。当液压油输入到进油腔后,在叶片 1、3、5、7 上,一面作用有液压油,另一面则为排油腔的低压油,由于叶片 1、5 受力面积大于叶片 3、7,从而由叶片受力差构成的转矩推动转子做顺时针方向旋转。当改变液压油的输入方向时,马达则反向旋转。

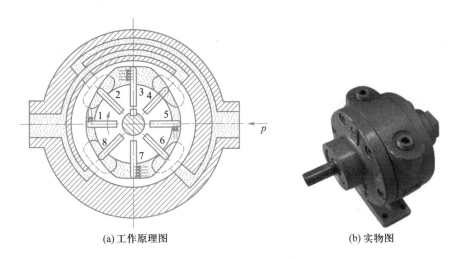

(a) 工作原理图　　　　　　(b) 实物图

图 1-45　叶片式液压马达

（3）轴向柱塞液压马达

图 1-46 所示为轴向柱塞液压马达。轴向柱塞泵和轴向柱塞马达是互逆的;配流盘为对称结构。

轴向柱塞液压马达是变量马达。改变斜盘倾角,不仅影响马达的转矩,还影响转速和转向。斜盘倾角越大,产生的转矩越大,转速越低。

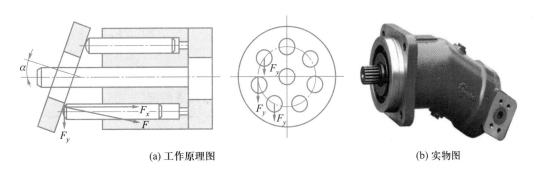

(a) 工作原理图　　　　　　(b) 实物图

图 1-46　轴向柱塞液压马达

2. 液压马达的主要性能参数及选用

（1）液压马达的主要性能参数

1）压力。压力包括工作压力、额定压力和最高压力。

工作压力是指液压马达在实际工作时输出(输入)油液的压力,工作压力由负载决定。

额定压力是指液压马达在额定工作条件下,按试验标准规定能连续运转的最高压力,其大小受液压马达寿命限制,当工作压力大于额定压力时称为超载。

最高压力是指液压马达的可靠性寿命和泄漏所允许的最高间断压力,其作用时间不超过全部工作时间的1%~2%,该压力由溢流阀设定。通常情况下,液压马达的工作压力不等于其额定压力。

2)转速。转速包括工作转速、额定转速、最高转速和最低稳定转速。

工作转速是指在工作时液压马达的实际转动速度。

额定转速是指在额定压力下,液压马达能连续长时间运转的最高转速。当转速超过该转速后,液压马达将吸油不足,产生振动和噪声,会遭受气蚀损伤,寿命降低。

最高转速是指液压马达不受异常损坏的情况下不可超越的最高转速极限。

最低稳定转速是指液压马达正常运转所允许的最低转速。

3)排量。排量是指液压马达每转一圈,由密封容腔几何尺寸变化而得的排出(或吸入)液体的体积。

4)流量。流量等于排量和转速的乘积。实际流量是指液压马达工作时出口处(或进口处)的流量,由于液压马达本身的内泄漏,其实际流量小于理论流量,要实现马达的指定转速,为补偿泄漏量,其输入实际流量必须大于理论流量。

5)效率。液压马达的效率包括容积效率、机械效率和总效率。

容积效率是指理论流量与实际流量之比;机械效率是指实际输出转矩与理论转矩之比;总效率是指液压马达的输出功率与输入功率的比值,等于容积效率与机械效率的乘积。

(2)液压马达的选用

1)选择液压马达的主要依据有转矩、转速、工作压力、排量、外形及连接尺寸、容积效率、总效率,以及质量、价格、货源和使用维护的便利性等。

2)液压马达的种类较多,特性不同,应针对具体用途及其工况进行选择。可参考表1-10选择合适的液压马达。

表1-10 各类液压马达的适用工况与应用范围

液压马达类型	适用工况	应用范围
齿轮式液压马达	结构简单,制造容易,适用于负载转矩不大,速度平稳性要求不高,噪声限制不严,高转速、低转矩的情况	钻床,通风设备等
叶片式液压马达	结构紧凑,外形尺寸小,适用于运动平稳,噪声小,负载转矩小的情况	磨床回转工作台,机床操纵机构等
轴向柱塞液压马达	结构紧凑,径向尺寸小,适用于转速较高、负载大,低速平稳性要求高的情况	起重机,数控机床等
径向柱塞液压马达	负载转矩较大,速度中等,径向尺寸大	塑料机械等

3）确定所采用马达的种类后,可根据所需的转速和转矩从液压马达产品系列中选出几种能满足需要的规格,然后进行综合分析,选择一种最合适的液压马达。

1.4 液压控制元件

液压控制元件的作用是控制和调节整个液压系统中液流的方向、流量和压力,从而满足各种工作机械的性能及使用要求。液压系统的控制元件主要是指各种控制阀,又称为液压阀,简称阀。

一、控制阀的工作原理、结构与分类

1. 控制阀的工作原理

控制阀利用阀芯与阀体的相对运动来控制阀口的开口大小和通断,实现工作介质的方向、流量和压力的控制。

2. 控制阀的基本结构

所有的控制阀都由阀体、阀芯(座阀或滑阀)和驱使阀芯动作的零部件(如弹簧、电磁铁)组成。阀体上除有与阀芯配合的阀体孔和阀座孔外,还有进出油口;阀芯的主要形式有圆柱形、球形和圆锥形;驱动装置可以是电磁铁、弹簧或者手动机构等。

3. 控制阀的分类

（1）按结构形式分类

1）滑阀如图 1-47a 所示,阀芯为圆柱形,与进出油口对应的阀体上开有沉割槽,一般为全圆周。阀芯在阀体孔内做相对运动,开启或关闭阀口控制油路的通断。

2）锥阀如图 1-47b 所示,锥阀阀芯的半锥角 α 一般为 $12° \sim 20°$,有时为 $45°$。阀口关闭时为线密封,不仅密封性能好,而且阀口开启灵活,动作灵敏。锥阀只能有一个进油口和一个出油口,因此又称为二通锥阀。

3）球阀如图 1-47c 所示,球阀的性能与锥阀的性能相似,只是结构稍有差异。

（2）按安装连接方式分类

1）管式连接。阀体进出油口由螺纹或者法兰直接与油管连接,安装方式简单,但元件分散布置,拆装维修不方便,适用于简单的液压系统。

2）板式连接。阀体进出油口通过连接板与油管连接,或安装在集成块侧面,由集成块沟通阀与阀之间的油路,并外接液压泵、液压缸、液压油箱。这种连接形式元件集中布置,操作、调整、维修都比较方便。

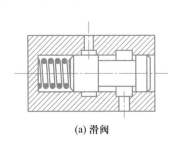
(a) 滑阀

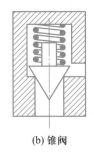
(b) 锥阀

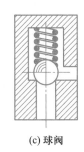
(c) 球阀

图 1-47 液压控制阀的结构形式

3）插装阀。根据不同功能将阀芯和阀套单独做成组件（插入件），插入专门设计的阀块组成回路，结构紧凑且具有一定的互换性。

4）叠加阀。液压阀的上下面为安装面，液压阀的进出油口分别在这两个面上。使用时，相同通径、功能各异的液压阀通过螺栓串联叠加安装在底板上，对外连接的进出油口由底板引出。

（3）按用途分类

1）方向控制阀是指用来控制或改变液压传动系统中液流方向的阀，如单向阀和换向阀；

2）压力控制阀是指用来控制和调节液压传动系统压力的阀，如减压阀、溢流阀、顺序阀和压力继电器；

3）流量控制阀是指用来控制和调节液压系统流量的阀，如调速阀和节流阀。

形状相同的阀，因其作用不同而具有不同的功能。压力控制阀和速度控制阀利用通流截面的节流作用控制系统的压力和流量；方向控制阀利用通流通道来更换和控制液流和气流的流动方向。也就是说，尽管阀存在着各种各样的类型，但它们之间还是保持着一些共同之处。

4. 控制阀的基本性能参数

液压控制阀的基本性能参数有两个：额定流量（或公称通径）和额定压力。

（1）额定流量（或公称通径）

液压控制阀的规格表示方法有两种：额定流量 q_n 和公称通径 D_n。

额定流量是指液压控制阀在额定工况下通过的名义流量，主要用于表示中低压液压控制阀的规格。额定流量符号用 q_n 或者 Q_n 表示，常用单位为 m^3/s 或者 L/min。

公称通径表示液压控制阀通流能力的大小，对应于液压控制阀的额定流量，主要用于表示高压液压控制阀的规格。公称通径用 D_n 表示，单位为 mm，其数值是液压控制阀进出油口的名义尺寸，与实际尺寸不一定相等。在选用连接油管时，油管的规格应与液压控制阀的通径一致。液压控制阀工作时的实际流量应小于或等于它的额定流量，最大不得大于额定流量的1.1倍。

（2）额定压力

额定压力是指液压控制阀长期工作所允许的最高压力,用 p_n 表示,常用单位为 Pa 和 N/m^2。通常液压传动系统的压力小于或者等于液压控制阀的额定压力时是比较安全的。

二、方向控制阀

方向控制阀简称方向阀,主要用来通断油路或切换液流的方向,从而控制执行元件的启动、停止和切换运动方向,进而满足各方面的要求。方向控制阀按用途分为单向阀和换向阀,如图 1-48 所示。

方向控制阀 {
 单向阀 {
  普通单向阀
  液控单向阀
 }
 换向阀 {
  按通路分:二通、三通、四通、五通等
  按工作位置分:二位、三位、四位等
  按操纵方式分:电磁、液动、电液、手动、机动、气动等
 }
}

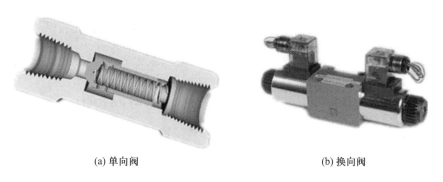

(a) 单向阀　　　　　　　　　　(b) 换向阀

图 1-48　方向控制阀

1. 单向阀

单向阀是使油液单方向流动的方向控制阀。常用的单向阀有普通单向阀和液控单向阀两种。

（1）普通单向阀

通常所说的单向阀均指普通单向阀,其作用是控制油液的单方向流动,而反向时截止。根据阀芯结构的不同,普通单向阀可以分为球阀式和锥阀式两种。

图 1-49 所示为普通单向阀,它由阀体、阀芯、弹簧等主要零件组成。其工作原理是利用作用在阀芯上的液压力来控制阀芯开启或关闭。静态时,弹簧将阀芯压紧在阀座上。工作时,液压油从进油口 P_1 流进,从出油口 P_2 流出。当反向时,由于出油口 P_2 一侧的液压油将阀芯紧紧压在阀体上,从而使阀口关闭,液流不能流动,达到使单向阀单向流通,反向阻断的目的。

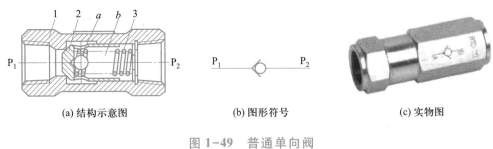

(a) 结构示意图　　　　　(b) 图形符号　　　　　(c) 实物图

图 1-49　普通单向阀

1—阀体；2—阀芯；3—弹簧

单向阀的连接方式分为板式和管式两种。图 1-50a 所示为直角式结构，通常将其进油口 A 和出油口 B 开在同一平面内，形成板式连接；图 1-50b 所示为直通式结构，通常将其进油口 A 和出油口 B 制造成螺纹，然后直接与油管接头处螺纹连接，形成管式连接。

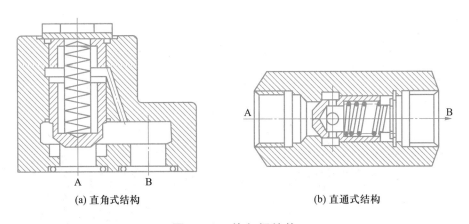

(a) 直角式结构　　　　　　　　　　(b) 直通式结构

图 1-50　单向阀结构

（2）液控单向阀

根据液压系统工作的需要，有时需要将被单向阀锁闭的回路重新接通，因此可将单向阀设计成能够控制回路锁闭的结构，这就是液控单向阀。液控单向阀能有条件地使工作介质实现双向流动。如图 1-51 所示，液控单向阀由一个普通单向阀和一个小型液压缸组成。

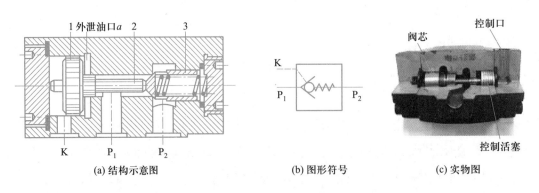

(a) 结构示意图　　　　　(b) 图形符号　　　　　(c) 实物图

图 1-51　液控单向阀

1—控制活塞；2—顶杆；3—单向阀芯

当控制油口不通液压油时,液控单向阀的作用与普通单向阀一样,工作介质只能从 P_1 流入,经 P_2 流出,不能反向流动;当控制油口通液压油时,液压油作用在控制活塞 1 的左端,因控制活塞 1 的面积设计得比较大,在较低的压力下就能产生较大的作用力,控制活塞 1 和顶杆 2 向右移动将单向阀芯 3 打开,工作介质实现从 P_2 流向 P_1,即实现反向流动。

液控单向阀在液压系统中主要应用如下:

1)用于隔开油路之间的联系,防止油路之间相互干扰。

2)安装在液压泵的出油口,用来防止液压传动系统油液倒流,保护液压泵。

3)用于液压回路的保压。

4)作旁通阀用时,与其他类型的液压阀并联,从而构成组合阀。

5)作背压阀用时,在回油路上产生背压,使液压系统的运动变得平稳。

6)在液压缸垂直布置的液压系统中,常用单向阀与顺序阀并联来平衡液压缸的自重。

7)用两个液控单向阀构成双向液压锁闭结构。

8)液控单向阀可用于高压回路换向前的释压回路中。

2. 换向阀

换向阀利用阀芯对阀体的相对运动来改变阀芯和阀体间的相对位置,从而改变工作介质流动方向,以及接通或关闭油路来控制执行元件的启动、停止或变换运动方向。

(1)换向阀的分类

1)按阀芯的操纵方式,换向阀可分为手动式、机动式、液动式、电磁式、电液式等。

2)按结构类型,换向阀可分为滑阀式、锥阀式、球阀式、转阀式。

3)按阀芯的定位方式,换向阀可分为钢球定位式和弹簧复位式两种。

4)按阀芯的工作位置数,换向阀可分为二位阀、三位阀。

5)按阀的控制通道数,换向阀可分为二通阀、三通阀、四通阀、五通阀等。

(2)对换向阀的基本要求

1)油液流经换向阀时的压力损失小。

2)各关闭阀口的泄漏量小。

3)换向可靠,换向时平稳、迅速。

(3)换向阀的工作原理及图形符号

图 1-52 所示为二位四通电磁换向阀,它由阀体、复位弹簧、阀芯、电磁铁和衔铁等组成。阀芯能在阀体内部空间自由移动,阀芯和阀体都开有若干个环形槽,阀体内的每个环形槽都有孔道与外部对应的阀口相通。

图 1-52a 所示为电磁铁断电状态,换向阀在复位弹簧的作用力下处于常态,换向阀右位接入系统,即通口 P 与 B 相通,通口 A 与 T 相通(通常情况下 P 和 T 为泵或油箱通口,其中 P 为进油口),液压泵输出的液压油经过通口 P、B 进入活塞缸的左腔,从而推动活塞以一定的速度

v_1 向右移动,而活塞缸右腔内的油液经通口 A、T 流回油箱。

图 1-52b 所示为电磁通电状态,衔铁被吸合,并将阀芯推至右端,此时换向阀左位接入系统,即通口 P 与 A 相通,通口 B 与 T 相通,液压泵输出的液压油经换向阀 P、A 进入活塞缸右腔,推动活塞以一定的速度 v_2 向左运动,而活塞缸左腔内的油液经通口 B、T 流回油箱。

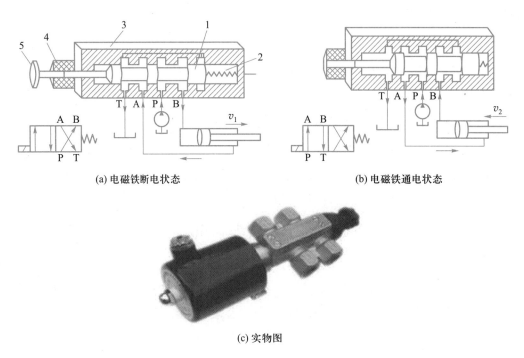

(a) 电磁铁断电状态　　　　　　　　　　　　　(b) 电磁铁通电状态

(c) 实物图

图 1-52 　 二位四通电磁换向阀

1—阀芯;2—复位弹簧;3—阀体;4—电磁铁;5—衔铁

（4）换向阀的图形符号

一个换向阀的完整图形符号应具有通口数、工作位置数和在各个工作位置上阀口的连通关系、控制方法,以及定位、复位方法等。

通口是阀上各种接油管的进、出口的总称,即"通"。进油口通常标为 P,回油口标为 T,出油口则常以 A、B 来表示。阀体内阀芯可移动的位置数称为切换位置数,称为"位"。不同的位数和通数,组成不同类型的换向阀。

例如,三位四通手动换向阀有 3 个切换位置、4 个通口。该阀的 3 个工作位置与阀芯在阀体中的对应位置如图 1-53 所示。

（5）三位换向阀的中位机能

当液压缸或液压马达需在任何位置均可停止时,要使用三位换向阀(三位换向阀的阀芯在阀体中有左、中、右三个工作位置,中间位置可利用不同形状及尺寸的阀芯结构,得到多种不同的油口连接方式),此阀的两边皆装有弹簧,如无外来的推力,阀芯将停在中间位置,简称中位。换向阀中间位置各接口的连通方式称为中位机能。

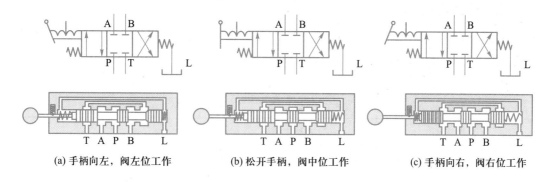

(a) 手柄向左，阀左位工作　　　(b) 松开手柄，阀中位工作　　　(c) 手柄向右，阀右位工作

图 1-53　三位四通手动换向阀

在分析和选择三位换向阀的中位机能时,通常考虑以下几点:

1)系统保压。

2)系统卸荷。

3)液压缸快进。

4)液压缸"浮动"或任意位置上的停止。

中位机能不同,阀在常态时对系统的控制效果也不相同,三位四通换向阀的中位机能型号、图形符号及其特点见表 1-11。

表 1-11　三位四通换向阀的中位机能型号、图形符号及其特点

型号	结构简图	图形符号	特点
O			A、B、P、T 四个通口全部封闭,液压缸(或气缸)闭锁,液压泵(或气泵)不卸荷
H			A、B、P、T 四个通口全部相通,液压缸(或气缸)活塞呈浮动状态,液压泵(或气泵)卸荷
Y			A、B、T 三个通口相通,P 封闭,液压缸(或气缸)活塞呈浮动状态,液压泵(或气泵)不卸荷
P			A、B、P 三个通口相通,T 封闭,液压缸(或气缸)与液压泵(或气泵)两腔相通,可组成差动回路
M			通口 A、B 封闭,通口 P、T 相通,液压缸(或气缸)闭锁,液压泵(或气泵)卸荷

（6）几种常用的换向阀

换向阀按控制阀芯的移动方式不同,分为手柄控制、机械控制、电磁铁控制、加压或卸压控制等。换向阀常用控制方式图形符号见表 1-12。

表 1-12　换向阀常用控制方式图形符号

手柄控制	单作用电磁铁控制	机械控制			加压或卸压控制
		弹簧控制	顶杆控制	滚轮控制	

1）手动换向阀。手动换向阀是利用手动杠杆来改变阀芯位置实现换向的。手动换向阀按照阀芯的复位方式不同,可以分为弹簧复位式和钢珠定位式两种。

图 1-54 所示为弹簧复位式三位四通手动换向阀。操纵手柄 1,通过杠杆使阀芯 2 在阀体内从图示位置向左或向右移动,以改变液压油流动的方向,松开手柄 1 后,阀芯 2 在弹簧 3 的作用下恢复到中位。弹簧复位式手动换向阀适用于动作频繁、持续工作时间比较短和安全性要求比较高的场合,常用于挖掘机等工程机械中。

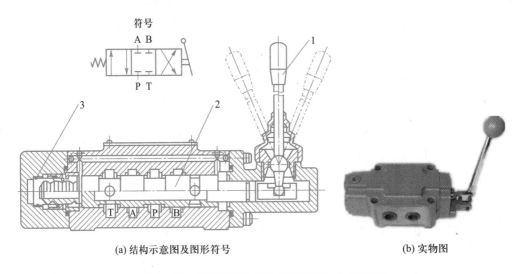

(a) 结构示意图及图形符号　　　　　　　　(b) 实物图

图 1-54　弹簧复位式三位四通手动换向阀

1—手柄;2—阀芯;3—弹簧

2）电磁换向阀。电磁换向阀利用电磁铁的通、断电直接推动阀芯来控制油口的连通状态。它的电气信号由计算机、PLC 等控制装置发出,也可以借助限位开关、压力继电器、按钮开关、行程开关等电气元件来实现,易于实现动作转换的自动化,因此在液压传动系统中得到了广泛应用。

图 1-55 所示为二位三通电磁换向阀,当电磁铁通电时,推杆 1 将阀芯 2 推向右端,通口 P 与 B 连通,通口 A 封闭;当电磁铁断电时,弹簧 3 推动阀芯 2 复位到左端,通口 P 与 A 连通,通口 B 封闭,实现油液的换向。

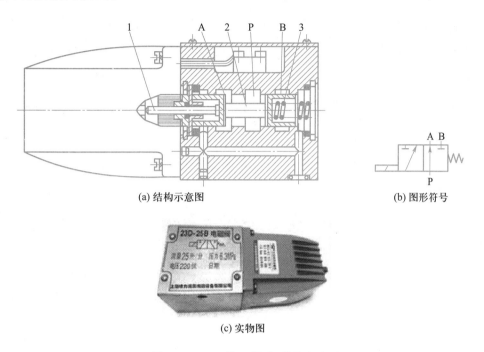

(a) 结构示意图   (b) 图形符号

(c) 实物图

图 1-55 二位三通电磁换向阀

1—推杆;2—阀芯;3—弹簧

3) 液动换向阀。液动换向阀利用控制油路的液压油推动阀芯移动,实现油路的换向。液动式操纵给予阀芯的推力是很大的,因此适用于压力高、流量大、阀芯移动行程长的场合。图 1-56 所示为三位四通液动换向阀。

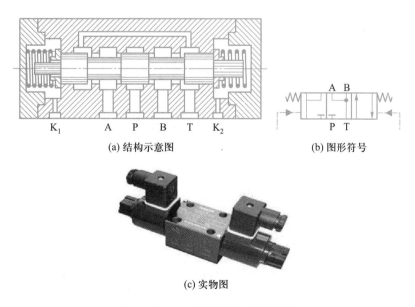

(a) 结构示意图   (b) 图形符号

(c) 实物图

图 1-56 三位四通液动换向阀

当通口 K_1 通液压油，K_2 回油时，P 与 A 接通，B 与 T 接通；当通口 K_2 通液压油，K_1 回油时，P 与 B 接通，A 与 T 接通；当通口 K_1，K_2 都未通液压油时，P、T、A、B 全部封闭。

4）电液换向阀。电液换向阀是由电磁换向阀和液动换向阀组合而成的。电磁换向阀起先导作用，可以改变和控制液流的方向，从而改变液动换向阀的位置。由于操纵液动换向阀的液压推力可以很大，因此主阀可以做得很大，允许有较大的流量通过。这样用较小的电磁铁就能控制较大的液流了。

图 1-57 所示为三位四通电液换向阀，其工作原理是当先导电磁换向阀的两个电磁铁不通电时，三位四通先导电磁换向阀处于中位，液动换向阀主阀芯左右两端容腔同时接通液压油箱，主阀芯在两端对中弹簧的作用下处于中位；当先导电磁换向阀左电磁铁 3 通电时，其阀芯向右端移动，来自外接油口的控制液压油经先导电磁换向阀左位油口和左单向阀 1 进入主阀左端容腔，并推动主阀阀芯向右运动，这时主阀芯右端容腔中的控制油液可通过右节流阀 6 经先导电磁换向阀左位通口 B′ 和通口 T′ 流回液压油箱，液动主阀处于左位工作，使通口 P 与 A、B 与 T 的油路相通；反之，当先导电磁换向阀右电磁铁 5 通电，液动主阀处于右位工作，可使通口 P 与 B、A 与 T 的油路相通。

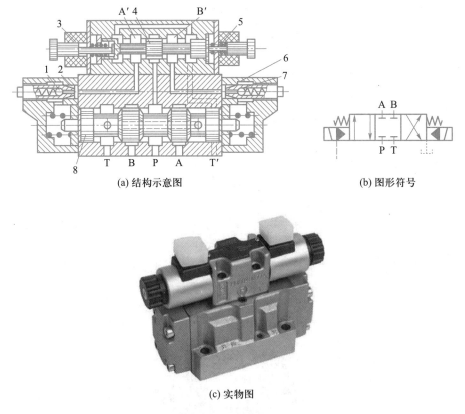

(a) 结构示意图　　　　　　　　　　(b) 图形符号

(c) 实物图

图 1-57　三位四通电液换向阀

1—左单向阀；2—左节流阀；3—左电磁铁；4—先导阀芯；

5—右电磁铁；6—右节流阀；7—右单向阀；8—主阀阀芯

3. 方向控制阀的常见故障及其排除方法

方向控制阀中的电液换向阀故障较多,现将其常见故障及其排除方法列于表 1-13 中。对换向阀的要求有:换向平稳,压力损失小,动作灵敏、可靠,当电源电压为电磁铁额定电压的 85%~105% 时换向仍灵敏可靠。

表 1-13 电液换向阀的常见故障及其排除方法

故障现象	产生原因	排除方法
冲击和振动	1) 主阀阀芯移动速度太快(特别是大流量换向阀) 2) 单向阀封闭性太差而使主阀阀芯移动过快 3) 电磁铁的紧固螺钉松动 4) 交流电磁铁分磁环断裂	1) 调节节流阀使主阀阀芯移动速度降低 2) 修理配研(或更换)单向阀 3) 紧固螺钉,并加防松垫圈 4) 更换电磁铁
电磁铁噪声较大	1) 推杆过长,电磁铁不能吸合 2) 弹簧太硬,推杆不能将阀芯推到位而引起电磁铁不能吸合 3) 电磁铁铁心接触面不平(或接触不良) 4) 交流电磁铁分磁环断裂	1) 修磨推杆 2) 更换弹簧 3) 清除污物,修整接触面 4) 更换电磁铁

三、压力控制阀

控制油液压力高低或利用压力变化实现某种动作的控制阀通称压力控制阀,简称压力阀,它利用阀芯上的液体压力和弹簧力保持平衡来进行工作。按照用途不同,压力控制阀可分为溢流阀、减压阀、顺序阀和压力继电器等。

1. 溢流阀

溢流阀在液压系统中的主要作用是溢流和稳压、调压,保持液压系统的压力恒定;限压保护,防止液压系统过载,因此又称为安全阀。溢流阀通常连接在液压泵出口处的油路上。

根据其结构和工作原理不同,可将溢流阀分为直动型溢流阀和先导型溢流阀。

(1) 直动型溢流阀

图 1-58 所示为直动型溢流阀,它主要由阀体、阀芯(阀芯结构可根据需要设计成锥形、圆柱形或球形等)、调压弹簧和调压手轮等组成;进油口与系统相连,出油口通油箱。

直动型溢流阀的工作过程如下:

当进油口压力 p 小于溢流阀的额定压力 p_k 时,由于阀芯受调压弹簧力的作用而使阀口关闭,油液不能溢出,即溢流阀不工作。

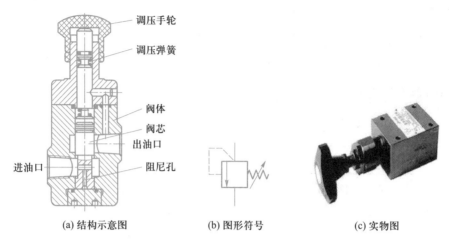

（a）结构示意图　　　（b）图形符号　　　（c）实物图

图 1-58　直动型溢流阀

当进油口压力 p 等于溢流阀的额定压力 p_k 时,由于阀芯两端同时受调压弹簧力和液压力的作用,且二力平衡,此时溢流阀阀口即将打开,即溢流阀即将开始工作。

当进油口压力 p 大于溢流阀的额定压力 p_k 时,液压力大于弹簧力,阀芯被向上推起,液压油进入阀口后经出油口流回油箱,使进口处的压力不再升高。

由此可以得出,溢流阀工作时,阀芯会随着系统压力的变化而上下运动,以此保持系统压力基本恒定,并对系统起安全保护作用。

溢流阀额定压力的设定方法:调节调压手轮可调节调压弹簧的预紧力,从而改变溢流阀的额定压力。

直动型溢流阀的特点是结构简单,制造容易,一般只适用于低压、流量不大的工作系统。若系统压力较高或流量较大,应选择先导型溢流阀。

（2）先导型溢流阀

图 1-59 所示为先导型溢流阀,其结构主要由主阀和先导阀两部分组成。其中主阀的阀芯是滑阀,用于控制流量;先导阀的阀芯是锥阀,用于控制压力。图中 P 为进油口,T 为出油口,K 为远程控制口。

先导型溢流阀利用主阀平衡活塞上、下两腔油液压力差和弹簧力工作,主要用于中、高压、大流量系统。

先导型溢流阀的工作过程如下:

液压油从进油口 P 进入,通过阻尼孔后流入先导阀,并作用在先导阀,此时远程控制口 K 处于关闭状态。

当进油口 P 压力较低时,先导阀上的液压力小于先导阀左边调压弹簧的作用力时,先导阀处于关闭状态。因为没有油液流过阻尼孔,此时主阀芯上、下两腔压力相等,所以主阀芯在主阀弹簧的作用下处于最下端位置,主阀处于关闭状态,溢流阀也不溢流。

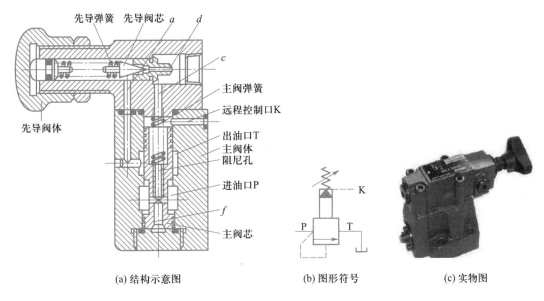

(a) 结构示意图　　　　(b) 图形符号　　　　(c) 实物图

图 1-59　先导型溢流阀

当进油口 P 的压力升高到作用在先导阀上的液压力大于调压弹簧的弹簧力时,先导阀打开,液压油可以通过阻尼孔流到先导阀,推开先导阀的阀芯,经过先导阀流回油箱。由于油液流过阻尼孔时压力会下降,使主阀芯上腔的压力小于下腔的压力,所以有两种情况:一是当主阀芯上、下两腔的压力基本相等时,主阀芯不会上移,主阀关闭;二是当主阀芯下腔的压力大于上腔的压力时,主阀芯上移,主阀口开启,油液从进油口 P 流入,经主阀口由出油口 T 流回油箱,实现溢流,使系统压力保持基本恒定且不超过额定压力。

在先导型溢流阀中,先导阀的作用是控制和调节溢流压力,主阀的功能则在于溢流。先导阀因只有卸油的作用,故其阀口直径较小,即使在较高压力的情况下,作用在阀芯上的推力也不是很大,所以要求调压弹簧的刚度不是很大,压力调整也比较容易。主阀芯的两端均受压力的作用,所以主阀弹簧也只需要很小的刚度,当溢流量的变化引起弹簧的压缩量变化时,进油口的压力变化不大,所以先导型溢流阀的稳压性能高于直动型溢流阀。但是,先导型溢流阀的灵敏度低于直动型溢流阀。

先导型溢流阀有一个远程控制口 K,可实现远程调压和卸荷(远程控制口 K 与油箱相连),不用时可将其关闭。

转动调压手柄,调节调压弹簧的预紧力,可改变先导型溢流阀的额定压力。

(3) 溢流阀的应用

1) 溢流稳压。图 1-60a 所示为溢流阀起溢流稳压作用的应用举例。在执行机构的回路中并联一个溢流阀,起溢流、稳压的作用。此系统主要由液压泵、溢流阀、节流阀,以及液压缸组成,在系统正常工作的时候,溢流阀的阀口处于常开状态,进入液压缸的流量由节流阀来调节,当液压泵输出的压力大于节流阀的调定压力时,多余的液流的压力达到溢流阀的调定压力时可通过溢流阀流回油箱,使系统的压力由溢流阀来调节并保持恒定,达到溢流稳压的作用。

2)过载保护。图 1-60b 所示为溢流阀起过载保护作用的应用举例。此系统主要由变量泵、液压缸、溢流阀等组成。在执行机构的回路中并联了一个溢流阀,起到防止系统压力过载的安全保护作用。在系统正常工作时,溢流阀的阀口处于常闭状态。在本系统中,液压缸的输入压力由变量泵本身调节,系统的工作压力取决于工作负载的大小。当系统的压力大于溢流阀的调定压力时,溢流阀的阀口打开,此时液流通过溢流阀流回油箱,起到过载保护的作用。

3)远程调压。图 1-60c 所示为溢流阀起远程调压作用的应用举例。此系统主要由定量泵、液压缸、直动型溢流阀 1、先导型溢流阀 2 等组成。系统中,在先导型溢流阀 2 的远程控制口 K 处连接一个直动型溢流阀 1,起远程调压的作用,直动型溢流阀 1 便可对先导型溢流阀 2 实现远程调压。因此,直动型溢流阀 1 的调定压力必须小于先导型溢流阀 2 的调定压力。

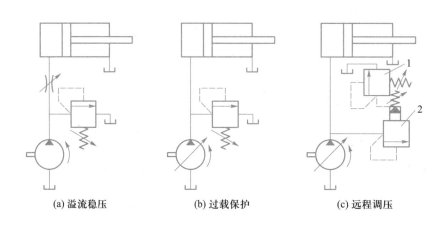

(a) 溢流稳压   (b) 过载保护   (c) 远程调压

图 1-60 溢流阀应用

1—直动型溢流阀;2—先导型溢流阀

2. 减压阀

减压阀在系统中的主要作用是降低系统某一支路的压力,使同一系统具有两个或多个不同的压力。

减压阀的减压原理是利用液压油通过缝隙降压,使出口压力低于进口压力,并保持出口压力恒定。因此,缝隙越小,压力损失就越小,减压作用就越良好。

根据减压阀的结构和工作原理不同,可将减压阀分为直动型减压阀和先导型减压阀两种,其中先导型减压阀应用较多。

(1)直动型减压阀

图 1-61 所示为直动型减压阀,其主要结构为阀体 4、阀芯 3、调压弹簧 2、调压螺栓 1 等。其结构中,h 为减压缝隙、L 为泄油口、P_1 为进油口、P_2 为出油口。直动型减压阀结构简单,只适用于低压系统。

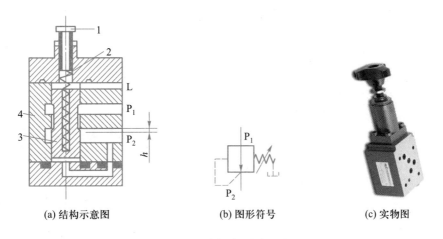

(a) 结构示意图　　　　　(b) 图形符号　　　　　(c) 实物图

图 1-61　直动型减压阀

1—调压螺栓；2—调压弹簧；3—阀芯；4—阀体

直动型减压阀的出油口接负载，所以泄油口 L 必须单独接回油箱。通过阀芯 3 下部通道将 P_2 与阀芯 3 接通，阀芯 3 将受到由 P_2 处液压油产生的向上的液压力，此力与阀芯上腔的调压弹簧的弹簧力相平衡。

减压阀在常态下阀口处于开启状态，其进油口 P_1 与出油口 P_2 相连通。油液经 P_1 流入，从 P_2 流出并作用在负载上。所以，P_2 处压力的大小取决于 P_1 所接的负载的大小，负载越大，P_2 处压力也就越大。但是，P_2 处压力不应超过减压阀的额定压力值。

当调压弹簧力大于作用在阀芯 3 上的力时，阀芯不移动，即 P_1 处压力与 P_2 处压力相等，其压力值由出口压力负载决定；当调压弹簧力小于作用在阀芯 3 上的力时，阀芯被推动上移，使缝隙 h 减小，直到调压弹簧力等于作用在阀芯 3 上的力时，重新达到新的平衡，P_2 处压力将不再升高，从而起到减压的作用。

压力值的调定方法：调节调压螺栓，减小或加大调压弹簧的压缩量，即可调节 P_2 处压力的值。

（2）先导型减压阀

图 1-62 所示为先导型减压阀，它主要由主阀及先导阀构成，主要结构有调压手轮、调节螺钉、先导弹簧、先导阀芯、先导阀座、主阀芯、主阀体、端盖等。

高压油液通过进油口进入主阀，经过减压口将压力下降的低压油从出油口流出输送至执行元件；与此同时，出口处的部分低压油经孔道 a 进入主阀芯 6 的下端，再经主阀芯 6 中的阻尼孔 c 作用在主阀芯 6 的上端，经过主阀芯 6 上腔的低压油再经过通孔 e 作用在先导阀芯 4 上并与先导弹簧 3 相平衡，以使出油口压力恒定。

当出口处压力较低并未达到先导阀的调定压力时，先导弹簧力大于作用在锥阀上的力，先导阀阀口处于关闭状态，主阀芯 6 上、下两腔的压力相等。主阀芯 6 在主阀弹簧的作用下被推至最下端，此时进、出口压力基本相等，减压阀处于非减压状态。

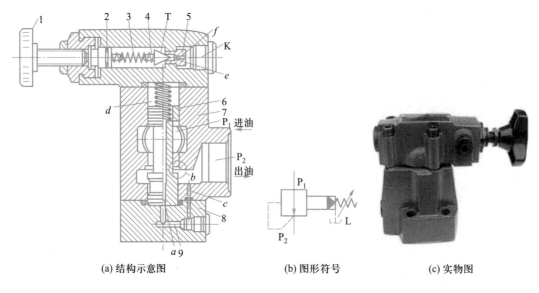

图 1-62　先导型减压阀

1—调压手轮；2—调节螺钉；3—先导弹簧；4—先导阀芯；5—先导阀座；6—主阀芯；7—主阀体；8—端盖

当出口处压力继续升高,超过先导阀的调定压力时,先导弹簧的弹簧力小于作用在锥阀上的力,锥阀被推开,主阀下腔的油液流至先导阀阀口,经泄油口 T 流回油箱,此时主阀芯 6 上腔的压力小于下腔的压力。

当出口处压力继续升高至足以推动阀芯上移时,油液流过减压缝隙的阻力增大,压力损失也增大,从而使出口压力降低,直至出口压力恢复为调定压力。

先导型减压阀出口压力的大小可通过调节先导弹簧 3 来控制。

图 1-63 所示为减压回路示例,不管回路压力多高,C 缸压力绝不会超过 3 MPa,试分析其原理。

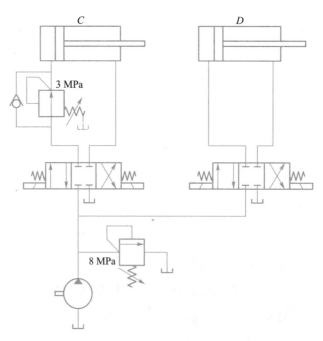

图 1-63　减压回路示例

必须指出,应用减压阀必然有压力损失,这将增加功耗和使油液发热。当分支油路压力比主油路压力低得多,且流量又很大时,常采用高、低压分别供油,而不采用减压阀。

3. 顺序阀

顺序阀是使用在一个液压泵供给两个及两个以上液压缸的回路中,且使液压缸按照一定顺序动作的一种压力控制阀。顺序阀可利用液压系统中的压力变化来控制回路的通断,从而实现某一支路中的某些液压元件按一定的顺序动作。

顺序阀根据其结构和工作原理不同,可分为直动型和先导型两种,目前较常用的是直动型顺序阀;根据其控制方式不同,可分为内控式和外控式两种。

顺序阀与溢流阀的区别在于:顺序阀出口直接接执行元件,另外有专门的泄油口,而溢流阀的出口则连接油箱。

（1）直动型顺序阀

图 1-64 所示为直动型顺序阀。液压油从进油口进入,经阀芯内部小孔作用在阀芯底部,对阀芯产生一个向上的作用力。当油液的压力较低时,阀芯在弹簧力下处于下端位置,此时进油口与出油口不连通。

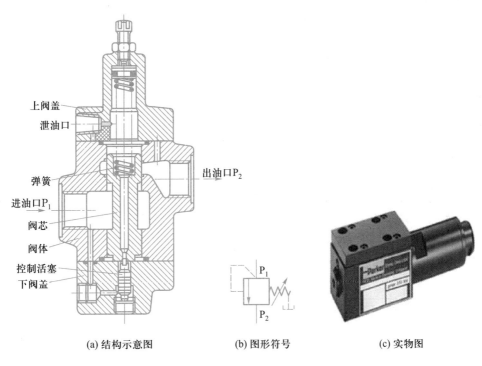

(a) 结构示意图	(b) 图形符号	(c) 实物图

图 1-64　直动型顺序阀

当进油口压力增大到顺序阀调定值时,阀芯底部受到的压力大于弹簧力,阀芯向上移动,此时进油口与出油口相通,液压油就流经顺序阀作用于下一个执行元件。此外,顺序阀的调定压力值可通过调压螺栓来调节。

（2）先导型顺序阀

图 1-65 所示为先导型顺序阀。其工作原理与先导型溢流阀相似,不同的是先导型顺序阀的出油口 P_2 常与另一工作回路相通,该处的油液具有一定的压力,因此需要设计专门的泄油口 L,将先导阀溢出的油液排出阀体外。先导型顺序阀与先导型溢流阀的阀芯的启闭原理基本相似。如果将出油口 P_2 与油箱接通,先导型顺序阀可作为卸荷阀使用。

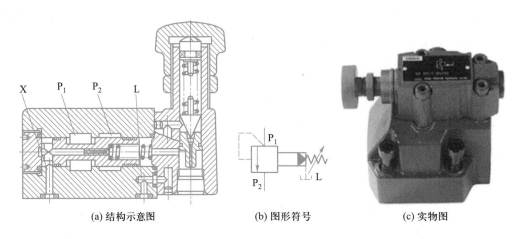

| (a) 结构示意图 | (b) 图形符号 | (c) 实物图 |

图 1-65 先导型顺序阀

（3）顺序阀应用举例

图 1-66 所示为顺序阀的应用,液压泵输出的油液直接进入液压缸 A 的工作腔,液压缸向右执行动作;当液压缸 A 向右运动到终点后,系统压力继续升高,顺序阀 C 打开,液压泵输出的液压油进入液压缸的工作腔,液压缸 B 向右执行动作,这就实现了执行元件的顺序动作。当液压缸 B 运动到最右端,系统压力继续升高,此时溢流阀 D 打开,液压泵输出的液压油通过溢流阀 D 流回油箱。在此系统中,溢流阀的调定压力应大于顺序阀的调定压力。

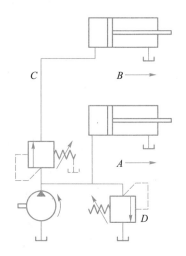

图 1-66 顺序阀的应用

溢流阀和顺序阀图形符号的比较见表 1-14。

表 1-14 溢流阀和顺序阀图形符号的比较

元件	溢流阀	顺序阀		
		内控外泄式	外控外泄式	卸荷式（内泄）
符号				

元件	溢流阀	顺序阀		
		内控外泄式	外控外泄式	卸荷式(内泄)
说明	原始状态阀口关闭;溢流口接回油箱;以进油口压力与弹簧力相平衡	比溢流阀多一个外泄回油箱的符号,出油口不接通油箱	从外部引入控制油,有外泄回油箱符号,出油口不通油箱	控制油为内控式,与溢流阀符号一致	控制油为外控式

溢流阀、顺序阀、减压阀的比较见表1-15。

表1-15　溢流阀、顺序阀、减压阀的比较

工作特点		溢流阀	顺序阀	减压阀
控制回路的特点		通过调整调压弹簧的压力来控制进油路的压力,保证进口压力稳定	直控式——通过调压弹簧的压力控制进油路压力 液控式——有单独油路控制压力	通过调压弹簧的压力控制出油路的压力,保证出口压力稳定
连接方式		并联	实现顺序动作时串联,作卸荷阀时并联	串联
出油口情况		出油口与油箱相连	出油口与工作回路相连	出油口与减压回路相连
进油口状态及压力值	工作状态	进、出油口相通,进油口压力为调整压力	进、出油口相通,进油口压力允许继续升高	出油口压力低于进油口压力,出油口压力稳定在调定值
	常态	常闭	常闭	常开
泄漏形式		内泄式	外泄式	外泄式

4. 压力继电器

压力继电器是一种将液压系统的压力信号转换为电信号输出的元件。其作用是根据液压系统压力的变化,通过压力继电器内的微动开关自动接通或断开电路,实现执行元件的自动控制或安全保护。

当控制压力达到调定值时,压力继电器能自动接通或断开有关电路,使相应的电气元件(如电磁铁)动作,从而实现系统的预定程序及安全保护。

一般的压力继电器都是通过压力和位移的转换使微动开关动作,进而实现其控制功能的。

压力继电器按结构特点可分为柱塞式、弹簧管式、膜片式和波纹管式等,其中以柱塞式压力继电器使用最为广泛,如图 1-67 所示。

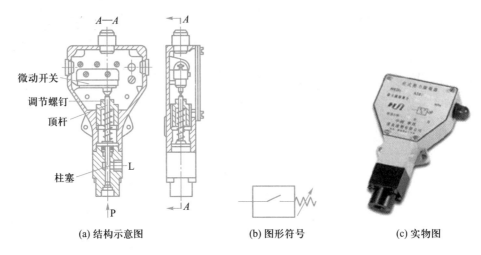

| (a) 结构示意图 | (b) 图形符号 | (c) 实物图 |

图 1-67 柱塞式压力继电器

柱塞式压力继电器的控制口 P 与系统相通,当系统压力达到预调压力时,液压力推动柱塞向上运动,并通过顶杆触动微动开关的触销,使微动开关发出电信号;当控制口 P 的压力下降至小于调定压力时,顶杆在调压弹簧的作用下复位,且微动开关也复位,此时微动开关发出回复电信号。限位挡块的作用是在系统压力超高时对微动开关起保护作用。

5. 压力控制阀的常见故障及其排除方法

各种压力控制阀的结构和原理十分相似,在结构上仅有局部不同,只要熟悉各类压力控制阀的结构特点,就可方便地分析与排除故障。

先导型溢流阀的常见故障及其排除方法见表 1-16。

表 1-16 先导型溢流阀的常见故障及其排除方法

故障现象	产生原因	排除方法
无压力	1) 主阀芯阻尼孔堵塞	1) 清洗阻尼孔,过滤(或换)油
	2) 主阀芯在开启位置卡死	2) 检修,重新装配(阀盖螺钉紧固力要均匀),过滤(或换)油
	3) 主阀平衡弹簧折断(或弯曲)使主阀芯不能复位	3) 换弹簧
	4) 先导弹簧弯曲(或未装)	4) 更换(或补装)弹簧
	5) 锥阀(或球阀)未装(或破碎)	5) 补装(或更换)锥阀(或球阀)
	6) 先导阀阀座破碎	6) 更换阀座
	7) 远程控制口通油箱	7) 检查电磁换向阀工作状态(或远程控制口通断状态),排除故障根源

续表

故障现象	产生原因	排除方法
压力波动大	1）液压泵流量脉动太大使溢流阀无法平衡 2）主阀芯动作不灵活,时有卡住现象 3）主阀芯和先导阀阀座阻尼孔时堵时通 4）阻尼孔太大,消振效果差 5）调压手轮未锁紧	1）修复液压泵 2）修换零件,重新装配(阀盖螺钉紧固力应均匀),过滤(或换)油 3）清洗阻尼孔,过滤(或换)油 4）更换阀芯 5）调压后锁紧调压手轮
振动和噪声大	1）主阀芯在工作时径向力不平衡,导致溢流阀性能不稳定 2）锥阀和阀座接触不好(圆度误差太大),导致锥阀受力不平衡,引起锥阀振动 3）调压弹簧弯曲(或其轴线与端面不垂直),导致锥阀受力不平衡,引起锥阀振动 4）系统内存在空气 5）通过流量超过公称流量,在溢流阀口处引起空穴现象 6）通过溢流阀的溢流量太小,使溢流阀处于启闭临界状态而引起液压冲击 7）回油管路阻力过高	1）检查阀体孔和主阀芯的精度,修换零件,过滤(或换)油 2）封油面圆度误差控制在 0.005～0.01 mm 以内 3）更换弹簧(或修磨弹簧端面) 4）排出空气 5）限在公称流量范围内使用 6）控制正常工作的最小溢流量(对于先导型溢流阀,应大于拐点溢流量) 7）适当增大管径,减少弯头,回油管口离油箱底面距离应 2 倍管径以上

四、流量控制阀

流量控制阀也称为速度控制阀,简称流量阀,其作用是控制液压与气压系统中通过阀口的液体或气体的流量,以满足对执行元件运动速度的要求。

流量控制阀均以节流单元为基础,利用改变阀口通流截面大小或通流通道长短来改变液阻,达到调节通过阀口流量的目的,从而控制执行元件的运动速度。

液压系统中使用流量控制阀应满足如下要求:有足够的调节范围;能保证稳定的最小流量;温度和压力变化对流量的影响小;调节方便;泄漏小等。

常用的液压流量控制阀有节流阀、调速阀、行程减速阀、限速切断阀等。下文将重点介绍节流阀与调速阀。

1. 节流阀

（1）流量控制阀的工作原理

液流在经过节流口时会产生较大的液阻,阀口的通流截面积越小,所产生的液阻就越大,而通过阀口的流量也就越小;反之阀口的通流截面积越大,所产生的液阻就越小,而通过阀口的流量也就越大。所以,改变节流阀口的通流截面积,将使液阻发生改变,从而调节通过阀口的流量的大小,进而控制执行元件的运动速度。

如图 1-68 所示为节流阀,它主要由手轮、阀芯、节流口、阀体、进油口 P_1 和出油口 P_2 等组成。转动上方的手轮,便可转动连接手轮的调节螺钉,可以使阀芯做上、下轴向运动,从而改变阀口的通流截面积,也就是改变节流口的大小,使通过节流口的流量得到调节。

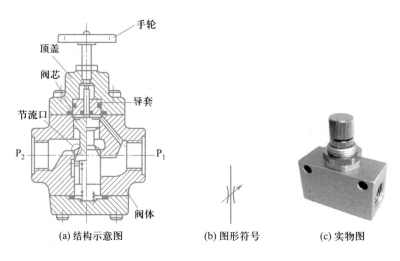

图 1-68　节流阀

（2）节流阀的应用举例

如图 1-69 所示为节流阀的应用。在系统中,液压泵输出的液压油一部分经节流阀流入液压缸的工作腔,另一部分多余的液压油经溢流阀流回油箱。调节节流阀的通流截面积,可调节通过节流阀的流量大小,从而调节液压缸的运动速度。但是,在负载小、速度不高和负载变化不大的情况下才可使用节流阀来调速。

2. 调速阀

调速阀是由节流阀和减压阀串联组合而成的组合阀。图 1-70 所示为直动型调速阀,也称为定差调速阀。将这种调速阀串联在回路中,可以保持节流阀前后压力差基本不变,从而使通过节流阀的流量也保持不变,所以执行元件的运动速度可保持基本稳定。

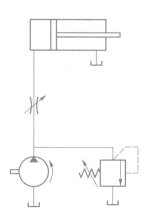

图 1-69　节流阀的应用

直动型调速阀动作原理为:液压油进入调速阀后,先经过直动型调速阀的阀口 x(压力由 p_1 减至 p_2),然后经过节流阀阀口 y 流出,出口压力为 p_3。从图中可以看到,节流阀进、出口压

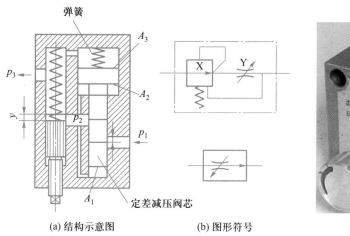

| (a) 结构示意图 | (b) 图形符号 | (c) 实物图 |

图 1-70 直动型调速阀

力 p_2 和 p_3 经过阀体上的流道被引到定差减压阀阀芯的两端(p_3 引到阀芯弹簧端，p_2 引到阀芯无弹簧端)，此时节流阀两端的压力差为 $\Delta p = p_2 - p_3$。

当负载压力增大时，调速阀出口压力 p_3 也增大，作用在减压阀阀芯上部的力也随着增大，使阀芯向上移动，此时减压阀进口处的开口加大，压力差 Δp 减小。为了维持节流阀两端的压力差 Δp 基本不变，所以应使节流阀入口（减压阀出口）处的压力 p_2 增大。当负载压力减小时，调速阀出口压力 p_3 减小，减压阀阀芯上端压力减小，减压阀阀芯在液压油的作用下向上移动，使减压阀进口处开口减小，压力差 Δp 增大，从而使 p_2 减小，使节流阀两端的压力差 Δp 保持不变。

因为减压阀阀芯弹簧很柔软，当阀芯上下移动时弹簧的作用力变化不大，所以节流阀的两端压力差 $\Delta p = p_2 - p_3$ 可以保持基本不变。也就是说，当负载发生变化时，通过调速阀的流量基本不变，导致液压或气压系统中执行元件的运动速度基本保持恒定。

3. 行程减速阀

一般的加工机械，如车床、铣床，其刀具尚未接触工件时，需快速进给以节省时间，开始切削时，则应慢速进给，以保证加工质量；或是液压缸前进时，本身冲力过大，需要在行程的末端使其减速，以便液压缸能停止在正确的位置上。此时就需要用到如图 1-71 所示的行程减速阀。

4. 限速切断阀

在液压举升系统中，为防止意外情况发生时由于负载自重而超速下落，常设置一种当管路流量超过一定值时自动切断油路的安全保护阀，即图 1-72 所示的限速切断阀。图中锥阀 2 上有固定节流孔，其数量及孔径由所需的流量确定。锥阀在弹簧 3 的作用下由挡圈 4 限位，锥阀口开至最大时流量增大，当作用在锥阀上的力超过弹簧预调力时，锥阀开始向右移动。当流量超过一定值时，锥阀完全关闭而使液流切断。反向作用时该阀无限流作用。限速切断阀的典型应用是液压升降平台，用于防止液压缸油管道破裂等意外情况发生时平台因自重急剧下降而引发事故。

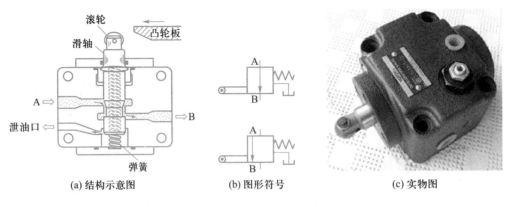

图1-71　行程减速阀

(a) 结构示意图　　　(b) 图形符号　　　(c) 实物图

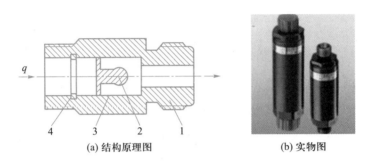

(a) 结构原理图　　　　　(b) 实物图

图1-72　限速切断阀

1—阀体；2—锥阀；3—弹簧；4—挡圈

5. 流量控制阀的常见故障及排除方法

流量控制阀以调速阀较为典型,其常见故障及排除方法见表1-17。其他流量控制阀的常见故障及排除方法与此类似。

表1-17　调速阀的常见故障及排除方法

故障现象	产生原因	排除方法
调节失灵	1）定差调速阀阀芯与阀套孔配合间隙太小（或有毛刺）,导致阀芯移动不灵活或卡死 2）定差调速阀弹簧太软（或弯曲、折断） 3）油液过脏使阀芯卡死（或节流阀孔口堵死） 4）节流阀阀芯与阀孔配合间隙太大而造成较大泄漏 5）节流阀阀芯与阀孔配合间隙太小（或变形）而卡死 6）节流阀阀芯轴向孔堵塞 7）调节手轮的紧定螺钉较松或掉落、调节轴螺纹被脏物卡死	1）检查,修配间隙使阀芯移动灵活 2）更换弹簧 3）拆卸清洗,过滤（或换）油 4）修磨阀孔,单配阀芯 5）配研保证间隙 6）拆卸并清洗轴向孔,过滤（或换）油 7）拆卸并清洗螺纹,紧固紧定螺钉

故障现象	产生原因	排除方法
流量不稳定	1）定差调速阀阀芯卡死	1）拆卸并清洗阀芯，使阀芯移动灵活
	2）定差调速阀阀套小孔时堵时通	2）拆卸并清洗阀套，过滤（或换）油
	3）定差调速阀弹簧弯曲、变形、端面与轴线不垂直或太硬	3）更换弹簧
	4）节流孔口处积有污物，造成时堵时通	4）拆卸并清洗节流口，过滤（或换）油
	5）温升过高	5）降低油温（或选用高黏度指数油液）
	6）系统中有空气	6）将空气排净

1.5 液压辅助元件

液压辅助元件包括油管、管接头、过滤器、蓄能器、压力计及压力计开关、油箱等。除油箱通常需要自行设计外，其余均为标准件。这些辅助元件虽起辅助作用，但它们对系统工作稳定性、效率和寿命等则至关重要。

一、油管及管接头

1. 油管

液压传动系统中使用的油管种类很多，常用的有钢管、铜管、橡胶软管、尼龙管和塑料管等，需按安装位置、工作压力和工作环境来选用。

钢管能承受高压，油液不易氧化，价格低廉，刚性好，但安装时不易弯曲，常用在拆卸方便处。压力小于 2.5 MPa 时，可用焊接钢管；压力大于 2.5 MPa 时，选用冷拔无缝钢管。纯铜管可承受的压力为 6.5~10 MPa，安装时可根据需要弯曲成任意形状，适用于小型设备及内部安装不方便处。由于铜材短缺，其抗振能力差，又易使油液氧化，应尽量少用。

橡胶软管多用于两个相对运动部件之间的连接，分高压和低压两种。高压软管由耐油橡胶夹钢丝编织网制成,最高承受压力可达 40 MPa。低压软管由耐油橡胶夹麻线或棉线制成,承受压力在 10 MPa 以下,常用于回油管路。橡胶软管安装方便,还能吸收部分液压冲击,但价格高,寿命短。

尼龙管承受压力可达 2.5~8 MPa,用于低压系统或回油管路。尼龙管可塑性大,加热后可任意弯曲成形和扩口,冷却后即定形,使用比较方便,价格也便宜。

塑料管价格低廉,装配方便,但长期使用会老化,一般只用于回油管或泄漏油管。

2. 管接头

管接头是油管与油管、油管与液压元件之间的可拆卸连接件。管接头的形式很多,图 1-73 所示为几种常用的管接头结构。

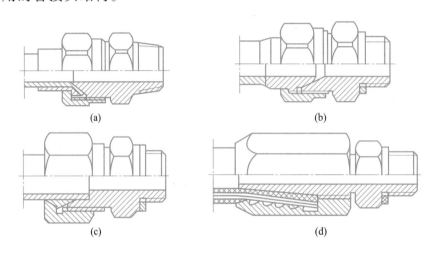

图 1-73 常用管接头结构

图 1-73a 所示为扩口式管接头,利用管子端部扩口进行密封,不需要其他密封件,适用于铜管、薄壁钢管、尼龙管和塑料管等低压管路的连接,在工作压力不高的机床液压系统中,应用较为普遍。

图 1-73b 所示为焊接式管头,把接头与钢管焊接在一起,端面用 O 形密封圈密封,用来连接管壁较厚的钢管,适用于中低压系统。

图 1-73c 所示为卡套式管接头,拧紧接头螺母,卡套发生弹性变形而将油管夹紧,这种管接头装拆方便,但制造工艺要求高,油管要用冷拔无缝钢管,适用于高压系统。

图 1-73d 所示为可拆式胶管接头,接头芯拧入接头外套后,锥度使钢丝编织胶管压紧在接头外套内,在机床中、低压系统中得到应用。

需经常拆卸的软管连接,可用快换接头,如图 1-74 所示。快换接头的外套 6 压缩弹簧 4 向左移动时,钢球 5(有 6~12 颗)可从环形槽向外退出,接头芯 7 即可从接头 3 中拔出。快换接头脱开时,其中两只锥阀 2、8 在弹簧 1、9 的作用下各自关闭,起单向阀作用,使分开的两段软管由于锥阀关闭而不致漏油。当接头连接时两单向阀互相顶开,锥阀处形成液流通道。

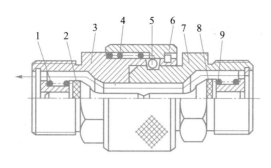

图 1-74 快换接头

1、9—弹簧;2、8—锥阀;3—接头;4—压缩弹簧;5—钢球;6—外套;7—接头芯

二、过滤器

1. 过滤器的功用

过滤器的功用是过滤混在油液中的各种杂质,以免它们进入液压传动系统和精密液压元件内,影响系统的正常工作或造成故障。根据统计,液压系统的故障有 75% 以上是由于油液不洁净造成的,因此,对油液进行过滤十分重要。

不同液压系统对油液的过滤精度要求不同,过滤器的过滤精度指其对各种不同尺寸粒子的滤除能力,对过滤器过滤精度的评定方法目前常用绝对过滤精度和过滤比两种。绝对过滤精度是指能通过滤芯的最大坚硬球形粒子的尺寸。过滤比是指过滤器上游油液单位容积中大于某一给定尺寸的颗粒数与下游油液单位容积中大于同一尺寸的颗粒数之比。我国目前按绝对过滤精度将过滤器分为粗($d \geqslant 100\ \mu m$)、普通($d \approx 10 \sim 100\ \mu m$)、精($d \approx 5 \sim 10\ \mu m$)和特精($d \approx 1 \sim 5\ \mu m$)四个等级。

2. 过滤器的基本类型及其性能

按滤芯的材料和结构形式不同,过滤器可分为网式、线隙式、烧结式、纸芯式及磁性过滤器等。

1)网式过滤器(图 1-75)。结构简单,通油能力大,压力损失小,但过滤精度低(一般为 $80 \sim 180\ \mu m$),用于吸油管路对油液进行粗过滤。

2)线隙式过滤器(图 1-76)。常用线隙式过滤器的过滤精度为 $30 \sim 80\ \mu m$,结构简单,通油能力大,压力损失小,过滤效果好,但不易清洗。当过滤器堵塞时,发信号装置将发出信号提醒应清洗或更换滤芯。

3)烧结式过滤器(图 1-77)。过滤精度为 $10 \sim 100\ \mu m$,滤芯强度高,抗腐蚀性能好,制造简单;缺点是易堵塞,难清洗,若有颗粒脱落会影响过滤精度。

4)纸芯式过滤器(图 1-78)。纸芯式过滤器的结构与线隙式过滤器相似,只是滤芯为纸质,纸芯式过滤器的过滤精度为 5～30 μm,结构紧凑,通油能力大;缺点是无法清洗,需经常更换滤芯。纸芯式过滤器适用于低压小流量的精密过滤。

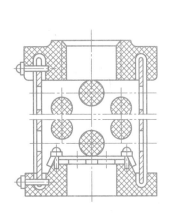

图 1-75　网式过滤器

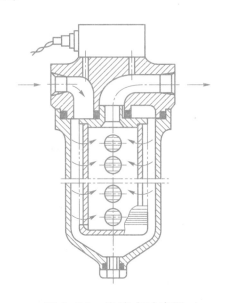

图 1-76　线隙式过滤器

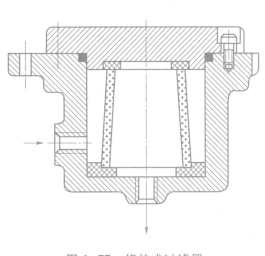

图 1-77　烧结式过滤器

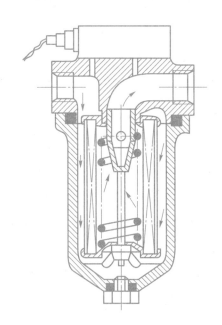

图 1-78　纸芯式过滤器

5）磁性过滤器。磁性过滤器的工作原理是利用磁铁吸附油液中的铁质微粒,但一般结构的磁性过滤器对其他污染物不起作用,所以常把它用作复式过滤器的一部分,对金属切削机床特别适用。

6）复式过滤器。复式过滤器为上述几类过滤器的组合,如纸芯—磁性过滤器,磁性—烧结过滤器等。

3. 过滤器的安装位置

1）安装在液压泵的吸油管路上。过滤器安装在液压泵的吸油管路上、并浸没在油箱液面以下,以使泵不致吸入较大的机械杂质。根据泵的要求可用粗或普通精度的网式过滤器。为了防止发生空穴现象,要求过滤器的通油能力大,压力损失小(不超过 0.01~0.025 MPa)。

2）安装在压油管路上。这种安装方式的过滤器主要用来滤除可能侵入阀类元件的杂质,一般采用过滤精度高(10~15 μm)的精过滤器,安装在安全阀或溢流阀的分支油路之后,也可与过滤器并联一压力阀或堵塞信号指示器。以免过滤器堵塞,引起泵过载。它应能承受油路上的工作压力和液压冲击,其压力损失应小于 0.35 MPa。

3）安装在回油路上。这种安装可滤去油液流入油箱以前的杂质,为泵提供清洁的油液。为防止其堵塞或低温启动时高黏度油液通过而引起系统压力升高,应与过滤器并联一压力阀(一般可用单向阀)。

若系统中有重要元件(如伺服阀、微量节流)要求过滤精度高时,应在这些元件的前面安装单独的特精过滤器。

安装过滤器时,应注意过滤器只能单方向使用,以利于清洗滤芯。

三、蓄能器

蓄能器是液压系统的储能元件,它储存液体压力能,并在需要时释放出来供给液压系统。

1. 蓄能器的功用

1）短期内大量供油。在液压系统的一个工作循环中,若只有短时间内需要大流量,可采用蓄能器作辅助动力源与泵联合使用,这样就可以用较小流量的液压泵使执行元件获得较快的运动速度,从而降低油液温升和提高效率。

2）系统保压。若液压缸需要较长时间内保持压力而无动作(如机床夹具夹紧工件),这时可使液压泵卸荷,用蓄能器提供液压油,补偿系统泄漏,维持系统压力。

3）应急动力源。当液压泵发生故障或停电时,可用蓄能器作应急动力源释放液压油,避免可能发生的事故。

4）吸收压力脉动和液压冲击。液压泵输出的液压油存在压力脉动现象,执行元件在启动、停止或换向时易引起液压冲击。必要时可在脉动和冲击部位设置蓄能器,起缓冲作用。

2. 蓄能器的结构与工作原理

蓄能器有重锤式、弹簧式和充气式等多种类型,常用的是利用气体膨胀和压缩进行工作的充气式蓄能器,主要有活塞式和气囊式两种。

1）活塞式蓄能器。图 1-79 为活塞式蓄能器。活塞 1 的上部为压缩气体(一般为氮气),

气体由气门3充入,其下部经油口通液压系统,活塞随下部液体压力能的储存和释放而在缸筒2内滑动。这种蓄能器结构简单、寿命长,但由于活塞惯性和摩擦力的影响,反应不够灵敏,制造费用较高,一般用于中、高压系统吸收压力脉动。

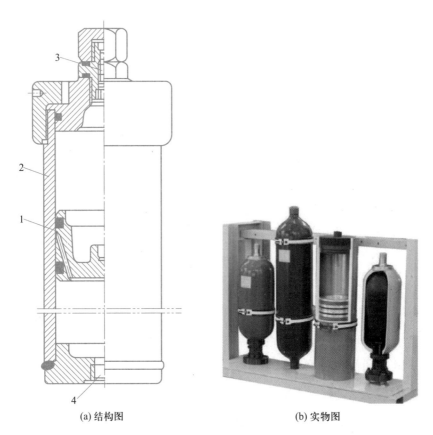

(a) 结构图　　　　　　　　　　(b) 实物图

图1-79　活塞式蓄能器

1—活塞;2—缸筒;3—气门

2）气囊式蓄能器。图1-80为气囊式蓄能器。气囊2用耐油橡胶制成,固定在耐高压壳体3的上部,气体由气门1充入气囊内,气囊外为液压油,在蓄能器下部有提升阀4,液压油由此进出,并能在油液全部排出时防止气囊膨胀挤出油口。气囊式蓄能器本身惯性小、反应灵敏、容易维护,但气囊和壳体制造较困难。

3. 蓄能器的安装及使用注意事项

1）蓄能器应将油口向下垂直安装,装在管路上的蓄能器必须用支承架固定。

2）蓄能器与泵之间应设置单向阀,以防止液压油向泵倒流。蓄能器与系统之间应设截止阀,供充气、调整和检修时使用。

3）用于吸收压力脉动和液压冲击的蓄能器,应尽量安装在接近发生压力脉动或液压冲击的部位。

4）蓄能器是压力容器,使用时必须注意安全,搬运和拆装时应先排出压缩气体。

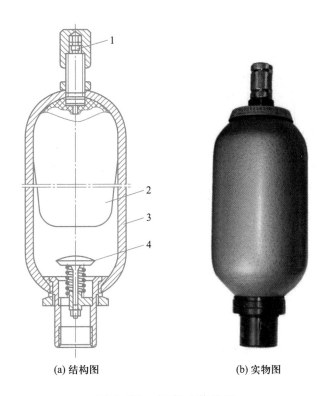

(a) 结构图   (b) 实物图

图 1-80 气囊式蓄能器

1—气门;2—气囊;3—壳体;4—提升阀

四、压力计及压力计开关

1. 压力计

压力计用于观测系统的工作压力,以便调整和控制。压力计的种类较多,最常用的是弹簧管式压力计,如图 1-81 所示。

选用压力计测量压力时,其量程应比系统压力稍大,一般取系统压力的 1.3~1.5 倍。压力计与压力管道连接时,应通过阻尼小孔,以防止被测压力突变而将压力计损坏。

2. 压力计开关

压力计开关用于切断或接通压力计与测压点的通路。压力计开关按其测压点数可分为一点、三点及六点等几种;按连接方式不同,可分为管式和板式两种。

多点压力计开关可与几个被测油路相通,用一个压力计测量多个检测点压力。下面就以 K-6B 型压力计开关为例来进行说明。

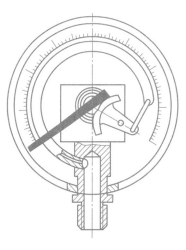

图 1-81 弹簧管式压力计

图 1-82 所示为 K-6B 型压力计开关(六个测压点)。图示位置是非测压位置,此时压力计经环形槽 d、轴向三角槽 b、孔 c 和轴向孔通油箱。若将手柄推进,轴向三角槽 a 和环形槽 d 将测压点与压力计接通,同时将压力计与油箱的通路切断,便可测量一个点的压力。若将手柄转到另一位置,便可测出另一个点的压力。

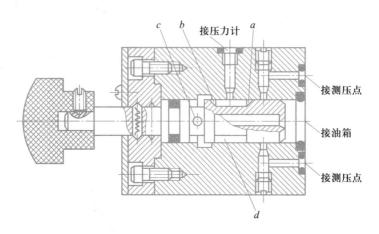

图 1-82　K-6B 型压力计开关

五、油箱

油箱除了用来储油之外,还能起到散热以及分离油液中杂质和空气的作用。同时,可以补偿泄漏而起到保压作用。在机床液压系统中,可以利用主机底座作油箱(整体式)或采用单独油箱(分离式)。利用主机底座作油箱时,结构紧凑,并容易回收机床漏油,但这样将增加机床的结构复杂性,并且油温升高时容易引起主机热变形。精密机床多采用单独油箱,这样可减少油温变化和液压泵振动对机床工作性能的影响。

1. 油箱的容量

油箱的有效容量(指油面高度为油箱高度的 0.8 倍时,油箱内所储油液的容积),在低压系统中为泵公称流量的 2~4 倍,在中压系统中为泵公称流量的 5~7 倍,在高压系统中为泵公称流量的 6~12 倍,在行走机械的液压系统中为泵公称流量的 1.5~2 倍。对负载大,并长期连续工作的液压系统,油箱的有效容量需按液压系统的发热量来确定。

2. 油箱的结构

图 1-83 所示为焊接式油箱。油箱由吸油管 1、过滤器 2、回油管 3、箱盖 4、油面指示器 5、放油塞 6、隔板 7、8 等组成。

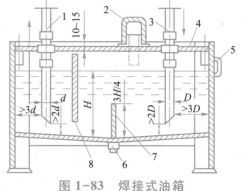

图 1-83　焊接式油箱

1—吸油管;2—过滤器;3—回油管;4—箱盖;
5—油面指示器;6—放油塞;7、8—隔板

基本技能训练 液压泵的认识与拆装

液压泵是液压系统的动力元件,是一种能量转换装置,为液压系统提供动力,是液压系统的重要组成部分。通过对常见液压泵的拆装实训,可加深对液压泵的结构及工作原理的了解,并能够对液压泵的加工和装配工艺有初步的认识。液压泵按其结构形式不同,可分为齿轮泵、叶片泵和柱塞泵三大类,本实训以最常用的外啮合齿轮泵为例进行拆装。

一、实训目的

1)了解齿轮泵的结构和工作原理。

2)正确识读齿轮泵的铭牌。

3)掌握外啮合齿轮泵的拆装过程与要求。

二、任务描述

认识外啮合齿轮泵实物图,正确识读外啮合齿轮泵的铭牌,理解其性能参数;拆装外啮合齿轮泵,分析其结构特点,并掌握正确的操作步骤和注意事项。

三、主要实训器材

外啮合齿轮泵、内六角扳手、活扳手、螺丝刀等常用拆装工具。

四、要求与步骤

1. 识读铭牌

观察外啮合齿轮泵(图1-84a)的外形,识读其铭牌(图1-84b)和使用说明书。

外啮合齿轮泵铭牌上的主要参数的含义为:

1)CB——齿轮泵代号。

2)T——齿轮泵的结构代号。

3)E——额定压力为16 MPa。

4）3——齿轮模数 $m = 3$。

5）20——齿轮泵的公称排量为 20 mL/r。

6）F——进出油口连接方式，F 为法兰连接，L 为螺纹连接。

7）R——旋向，R 为右旋，L 为左旋。

8）公称转速为 2 000 r/min。

(a) 实物图

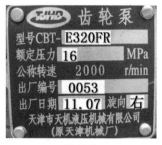
(b) 铭牌

图 1-84   外啮合齿轮泵

2. 了解外啮合齿轮泵构成元件，并列出元件清单

外啮合齿轮泵的主要组成元件及其作用见表 1-18。

表 1-18   外啮合齿轮泵的主要组成元件及其作用

名称	元件示意图	说明
主、从动齿轮		在电动机驱动下转动，啮合过程中利用容积变化吸、压油
泵体		形成密闭泵腔
齿轮轴		负责输入或输出转速和转矩

续表

名称	元件示意图	说明
泵盖		形成密闭泵腔
紧固螺钉		紧固连接
销钉		定位连接

3. 拆分外啮合齿轮泵的操作步骤

1）切断电动机电源,并在电气控制箱上打好"设备检修,严禁合闸"的警告牌。拆开联轴器、拆下电动机。

2）关闭管路上吸、排截止阀。

3）旋开排出口上的螺塞,将管系及泵内的油液放出,然后拆下吸、排管路。

4）用内六角扳手将输出轴侧的端盖螺钉拧松(拧松之前在泵盖与泵体的结合处做上记号),并取出螺钉;用专用工具取出销钉。

5）用螺丝刀轻轻沿泵盖与泵体的结合面处将泵盖撬松,注意不要撬太深,以免划伤密封面,因密封主要靠两密封面的加工精度及泵体密封面上的卸油槽来实现。

6）将泵盖拆下,将主、从动齿轮取出,注意将主、从动齿轮与对应位置做好记号。

7）用煤油或轻柴油将拆下的所有零部件进行清洗并放于容器内妥善保管,以备检查和测量。

4. 装配外啮合齿轮泵的操作步骤

1）将啮合良好的主、从动齿轮两轴装入左侧(非输出轴侧)泵盖的轴承中,装复时应按拆卸所做记号对应装入,切不可装反。

2）装入定位销钉,上右侧泵盖,上紧固螺钉,拧紧时应边拧边转动主动轴,并对称拧紧,以保证端面间隙均匀一致。

　　3）装复联轴器,将电动机装好,对好联轴器,调整同轴度,保证转动灵活。

　　4）泵与吸排管系接妥,再次用手转动是否灵活。

五、安全注意事项

　　1）预先准备好拆卸工具。

　　2）拆装时应记录元件及解体零件的拆卸顺序和方向。

　　3）拆卸下来的零件,尤其泵体内的零件,要做到不落地、不划伤、不锈蚀等。

　　4）拆装个别零件需要专用工具,如拆轴承需要用顶拔器,拆卡环需要用内卡钳等。

　　5）在需要敲打某一零件时,应用铜棒,切忌用铁棒或钢棒。

　　6）安装时不要将零件装反,注意零件的安装位置。有些零件有定位槽孔,一定要对准。

　　7）安装完毕,检查现场有无漏装元件。

六、总结与思考

　　1）齿轮泵的困油是怎样形成的？有何危害？如何解决？

　　2）为什么齿轮泵一般做成吸油口大,出油口小？

　　3）该齿轮泵中存在几种可能产生泄漏的途径？哪种途径泄漏量最大？为减少泄漏,该泵采取了哪些措施？

　　4）如何理解"液压泵压力升高会使流量减小"这句话？

　　5）拆装齿轮泵的螺钉时有哪些注意事项？

　　6）描述油液从吸油腔至压油腔的油路途径。

思考题与习题

1-1　液压与气压传动系统由哪几部分组成？试说明各组成部分的作用。

1-2　液压与气压传动系统各有哪些优缺点？

1-3　我国液压油有哪些主要品种,液压油的黏度等级与黏度有什么关系？

1-4　图 1-85 所示两盛水圆筒,作用于活塞上的力 $F = 3.0 \times 10^3$ N,$d = 1.0$ m,$h = 1.0$ m,$\rho = 1\,000.0$ kg/m^3。试求圆筒底部的液体静压力和液体对圆筒底面的作用力。

1-5　图 0-1 所示液压千斤顶,若大液压缸活塞的直径为 50 mm,小液压缸活塞的直径为 12.5 mm。试问在小液压缸活塞上加多大的力才能将重力为 1.6×10^3 N 的重物顶起？

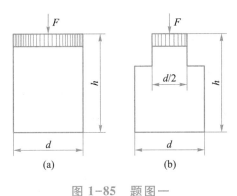

图 1-85　题图一

1-6　伯努利方程的物理意义是什么？

1-7　管路中的压力损失有哪些？各受哪些因素的影响？

1-8　运动黏度为 40 mm²/s、密度为 900.0 kg/m³ 的油液流过长度为 10.0 m 水平圆管，管道进口压力为 4.0 MPa。若圆管直径为 10.0 mm，液流速度为 2.5 m/s 时，管道出口压力为多少？若圆管直径为 5.0 mm，液流速度为 5.0 m/s 时，管道出口压力又为多少？

1-9　液压冲击和空穴现象是怎样产生的？有何危害？如何防止？

1-10　液压泵的工作压力取决于什么？泵的工作压力与公称压力有什么关系？

1-11　若将开式油箱完全密封不与大气相通，液压泵是否能正常工作？

1-12　某液压泵的工作压力为 10.0 MPa，转速为 1 450.0 r/min，排量为 46.2 mL/r，容积效率为 0.95，总效率为 0.9。试求泵的实际输出功率和驱动该泵所需的电动机功率。

1-13　什么是齿轮泵的困油现象？有何危害？如何解决？

1-14　在叶片泵工作时，如有一叶片突然卡在转子槽内不能伸出，试分析泵的输出流量将发生什么变化。

1-15　柱塞泵如何实现双向变量泵功能？

1-16　为什么说图 1-33 所示伸缩式液压缸活塞伸出的顺序是从大到小，而缩回的顺序是由小到大（提示：应考虑有效工作面积）？

1-17　单活塞杆缸差动连接时，有杆腔与无杆腔相比谁的压力高？为什么？

1-18　要使差动连接单活塞杆缸快进速度是快退速度的 2 倍，则活塞与活塞杆直径之比应为多少？

1-19　V 形密封圈压得越紧，其密封效果是否越好？

1-20　设计一差动连接液压缸，已知泵的公称流量为 25 L/min，公称压力为 6.3 MPa，工作台快进、快退速度为 5 m/min。试计算液压缸内径 D 和活塞杆直径 d。当快进外负载为 25×10^3 N 时，液压缸的压力为多少？

1-21　图 1-86 所示系统，泵输出压力 $p = 10$ MPa，排量 $V_P = 10$ mL/r，转速 $n = 1\ 450$ r/min，机械效率 $\eta_m = 0.9$，容积效率 $\eta_V = 0.91$；马达排量 $V_M = 10$ mL/r，机械效率 $\eta_m = 0.9$，容积效率 $\eta_V = 0.9$。其他损失不计，试求：

1）泵的输出功率。

2）泵的驱动功率。

3）马达的输出转速、转矩和功率。

1-22　单向阀能否直接作为背压阀使用？

1-23　液控单向阀和单向阀相比,在功能上有何区别？

1-24　图 1-87 所示油路中,任一电磁铁通电,液压缸都不动作,这是为什么(提示:从液动换向阀的控制油液压力考虑)？

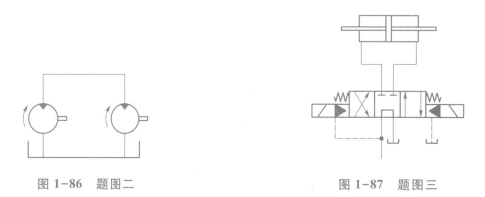

图 1-86　题图二　　　　　　　　　　图 1-87　题图三

1-25　图 1-88 所示油路中,溢流阀 A、B、C 的调定压力分别为 5.0 MPa、3.0 MPa、1.0 MPa。在系统负载趋于无限大时,图 1-88a、b 所示油路的液压泵供油压力各为多大(提示:a 油路从远程调压角度考虑;b 油路从溢流阀的调定压力是溢流阀进、回油口压力差值角度考虑)？

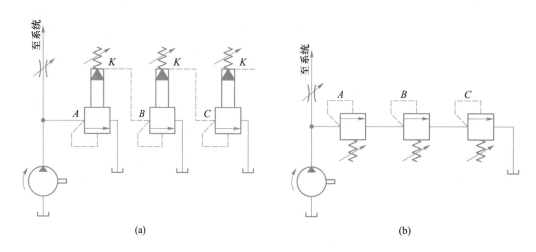

(a)　　　　　　　　　　　　　　(b)

图 1-88　题图四

1-26　图 1-89 所示两组阀,两减压阀的调定压力一大一小,并且所在支路有足够的负载,两阀组的出油口压力取决于哪个减压阀？ 为什么(提示:从减压阀阀口状态考虑)？

1-27　阀的铭牌不清楚时,不用拆开,如何判断哪个是溢流阀,哪个是减压阀？

1-28　图 1-90 所示回路,顺序阀和溢流阀的调定压力分别为 3.0 MPa 与 5.0 MPa。试问在下列情况下,A、B 两处的压力各等于多少？

1）液压缸运动时,负载压力为 4.0 MPa。

2）液压缸运动时,负载压力为 1.0 MPa。

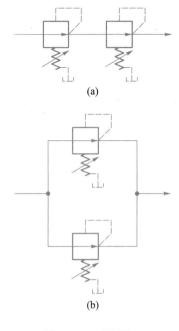

图 1-89 题图五

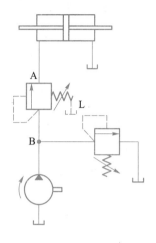

图 1-90 题图六

3）活塞碰到缸盖时。

1-29 试用插装式锥阀实现图 1-91 所示三位四通换向阀的机能。

1-30 常用油管有哪几种？它们的使用范围有何不同？

1-31 比较各种管接头的结构特点,它们各适用于什么场合？

1-32 常用的过滤器有几种类型？各有什么特点？一般应安装在什么位置？

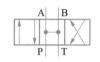

图 1-91 题图七

1-33 蓄能器有哪些功用？安装和使用蓄能器应注意哪些事项？

1-34 如何选用压力计？

1-35 油箱的功用是什么？

单元2
液压基本回路

任何一种液压传动系统都由液压基本回路组成。所谓基本回路,是用来完成特定功能的典型回路。按基本回路的功能可分为压力控制回路、速度控制回路、方向控制回路和多缸工作控制回路等。熟悉和掌握这些基本回路的组成、工作原理和性能,是分析、维护、安装调试和使用液压系统的重要基础。

2.1　压力控制回路

压力控制回路是控制液压系统(或系统中某一部分)的压力,以满足执行元件对力或转矩要求的回路。这类回路常包括调压、减压、卸荷和平衡等基本回路。

一、调压回路

调压回路的功能是使液压系统(或系统中某一部分)的压力保持恒定或不超过某一数值。当液压系统在不同工作阶段需要两种以上不同压力时,可采用多级调压回路,图2-1所示是一种常用的二级调压回路(图中阀4'是阀4的另一种安装位置)。当二位二通电磁换向阀4未通电时,远程调压阀3出油口被阀4关闭,先导型溢流阀2的远程控制口相应被关闭,液压泵1的最大供油压力取决于阀2的调定压力;当阀4通电时,阀3的出油口与油箱相通,泵1的最大供油压力取决于阀3的调定压力(阀3的调定压力应比阀2的低,否则阀3将不起作用)。若在执行元件的油路上设置流量控制阀,此回路就能实现二级溢流稳压。这种回路中的阀4应接在阀3的出油口处,以保证在阀4未通电时,从阀2的远程控制口到阀4的油路里充满液压油,阀4切换时,泵的供油压力从阀2的调定压力降至阀3的调定压力,不至于产生过大的液压冲击。如将阀4设置在图中位置4',在阀4'未通电时,从阀4'到阀3间的油路内没有液压油,阀4'切换时,阀2远程控制口处的瞬时压力由其调定压力下降到几乎为零后再升到阀3的调定压力,导致产生较大的液压冲击。

如果在先导型溢流阀2的远程控制口处并联几个远程调压阀,各远程调压阀的出油口分别由二位二通换向阀控制,就能实现多级调压。图 2-1 中的先导型溢流阀 2 如改用电液比例溢流阀,则可通过改变电液比例溢流阀的输入电流而成为无级调压回路(图 2-2),采用电液比例溢流阀,不但简化了多级调压回路,使压力切换平稳,而且更容易使系统实现远距离控制或程序控制。

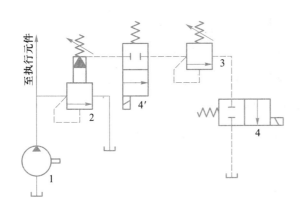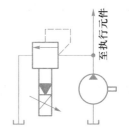

图 2-1 常用二级调压回路   图 2-2 无级调压回路

二、减压回路

减压回路的功能是使液压系统中某一支路具有较主油路低的稳定压力。当液压系统中某一支路在不同工作阶段需要两种以上的工作压力时,可采用多级减压回路,图 2-3 所示为二级减压回路。由溢流阀 2 调定系统压力,通过先导型减压阀 3 的远程控制口接远程调压阀 4 实现二级减压,减压回路也可采用电液比例减压阀实现无级减压。

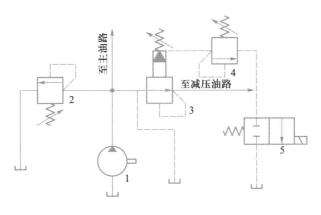

图 2-3 二级减压回路

为了使减压回路工作可靠,减压阀的最低调定压力不应低于 0.51 MPa,最高调定压力至少应比系统压力低 0.5 MPa。当减压回路上的执行元件需要调速时,流量控制阀应串在减压阀后,以免减压阀泄漏影响执行元件的速度。

三、卸荷回路

卸荷回路的功能是在液压泵不停转的情况下，使液压泵在零压或很低压力下运转，以减小功率损耗，降低系统发热，延长液压泵和驱动电动机的使用寿命。

图 2-4 所示为常用卸荷回路，它是采用 M 型（也可用 H 型）中位机能的三位四通电磁换向阀来实现卸荷的回路。换向阀在中位时可使液压泵输出的油液直接流回油箱，从而实现液压泵卸荷。对于低压小流量（$p \leqslant 2.5$ MPa，$q_V \leqslant 40$ L/min）液压泵，采用换向阀直接卸荷是一种简单而有效的方法；而高压大流量液压泵在换向阀切换时液压冲击较大，为了减小冲击，可将图 2-4 中的电磁换向阀换成电液换向阀，同时在回油路上设置背压阀，以保证泵卸荷时仍能保持控制油路必需的启动压力。

有些液压系统在工作过程中要求保持压力而采用液压泵卸荷，图 2-5 所示为用蓄能器和换向阀控制的保压卸荷夹紧回路。当电磁铁 1YA 通电时，电磁换向阀 7 右位接入回路，液压泵 1 和蓄能器 4 同时向液压缸左腔供油，推动活塞快速右移。接触工件后，系统压力升高。当压力达到压力继电器 6 的调定压力时，表示工件已经夹紧，压力继电器 6 发出电信号使电磁铁 3YA 通电，电磁换向阀 5 换向，液压泵 1 输出的油液经先导型溢流阀 3 流回油箱，液压泵 1 卸荷，此时液压缸所需压力由蓄能器 4 保持。若蓄能器 4 的压力因补充系统泄漏油而下降到压力继电器 6 的复位压力，则压力继电器 6 复位，3YA 断电，液压泵停止卸荷，重新向液压缸和蓄能器 4 供油。

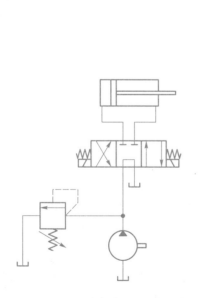

图 2-4　常用卸荷回路

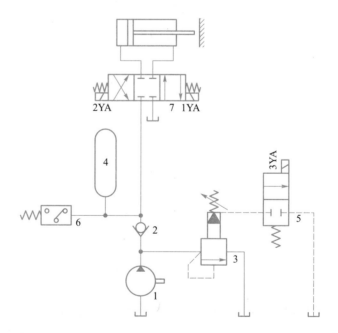

图 2-5　用蓄能器和换向阀控制的保压卸荷夹紧回路

四、平衡回路

由于立式液压缸与垂直运动部件会因自重而自行下滑,或在下行中因自重而造成超速运动,因此有必要在液压系统中设置平衡回路。

图 2-6 所示为用单向顺序阀(也称平衡阀)组成的平衡回路。单向顺序阀的调定压力应稍大于因运动部件自重 W 在液压缸下腔形成的压力。当换向阀处于中位液压缸不工作时,单向顺序阀关闭,运动部件不会自行下滑;当换向阀右位接入回路,液压缸上腔通液压油使液压缸下腔背压力大于顺序阀的调定压力时,顺序阀打开,活塞及运动部件下行,因运动部件自重得到平衡而不会产生超速下降现象;当换向阀左位接入回路,压力油经单向阀进入液压缸下腔时,活塞上行。这种回路,活塞下行运动比较平稳,但液压缸停止时会因顺序阀和换向阀的泄漏而使运动部件缓慢下降,在活塞快速下行时功率损失较大,所以适用于运动部件重量不是很大的系统。

图 2-7 所示为用液控单向顺序阀(也称远控平衡阀)组成的平衡回路。换向阀处于中位时,液控单向顺序阀控制油口通油箱,顺序阀关闭,活塞不会自行下滑;换向阀左位接入回路时,液压油经单向阀进入液压缸下腔,上腔油液直接流回油箱,活塞上行;换向阀右位接入回路时,液压油进入液压缸上腔和液控单向顺序阀的控制油口,顺序阀打开,回油腔因顺序阀而产生的背压消失,运动部件的势能得以利用,因此下行时系统效率较高。必须指出,这种回路应在液压缸的下腔与液控单向顺序阀之间的油路上串入单向节流阀(或单向调速阀),以控制活塞的下行速度。

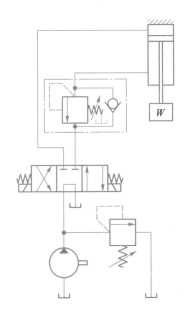 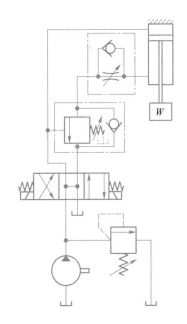

图 2-6 用单向顺序阀组成的平衡回路　　图 2-7 用液控单向顺序阀组成的平衡回路

2.2　速度控制回路

速度控制回路是控制液压系统中执行元件的运动速度和速度切换的回路。这类回路包括调速、增速和换速等回路。

一、调速回路

调速回路的功能是调节执行元件的工作速度。在不考虑油液的可压缩性和泄漏的情况下执行元件速度表达式为

液压缸
$$v = \frac{q_V}{A_c}$$

液压马达
$$n = \frac{q_V}{V_M}$$

从上两式可知,改变输入执行元件的流量 q_V、液压缸的有效工作面积 A_c 或液压马达的排量 V_M 均可达到调速的目的,但改变液压缸的有效工作面积往往会受到负载等其他因素的制约,改变排量对于变量液压马达容易实现但对定量马达则不易实现,而使用最普遍的还是改变输入执行元件的流量来达到调速的目的。目前液压系统的调速方式有以下三种:

1) 节流调速:用定量泵供油,由流量控制阀改变输入执行元件的流量来调节速度。

2) 容积调速:通过改变变量泵或(和)变量马达的排量来调节速度。

3) 容积节流调速:用能自动改变流量的变量泵与流量控制阀联合来调节速度。

1. 节流调速回路

这种调速回路的优点是结构简单,工作可靠,造价低和使用维护方便,因此在机床液压系统中得到广泛应用。缺点是能量损失大,效率低,发热大,故一般多用于小功率系统,如机床的进给系统。按流量控制阀在液压系统中设置位置不同可分为进油、回油和旁路三种节流调速回路。

(1) 进油节流调速回路

这种节流调速回路将流量控制阀设置在执行元件的进油路上,如图 2-8 所示。由于节流阀串在电磁换向阀前,所以活塞往复运动均属于进油节流调速,也可将单向节流阀串在换向阀和液压缸进油腔的油路上,实现单向进油节流调速。进油节流调速因节流阀和溢流阀是并联的,故调节节流阀阀口大小,便能控制进入液压缸的流量(多余油液经溢流阀溢回油箱)而达

到调速的目的。

根据进油节流调速回路的特点,节流阀进油节流调速回路适用于低速、轻载、负载变化不大和对速度刚性要求不高的场合。

(2)回油节流调速回路

这种调速回路将流量控制阀设置在执行元件的回油路上,如图 2-9 所示。由于节流阀串在电磁换向阀与油箱之间的回油路上,所以活塞往复运动都属于回油节流调速。用节流阀调节液压缸回油流量,而控制进入液压缸的流量,因此同进油节流调速一样可达到调速的目的。

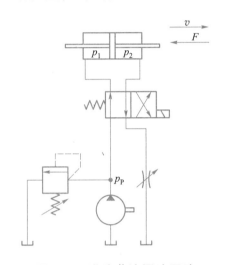 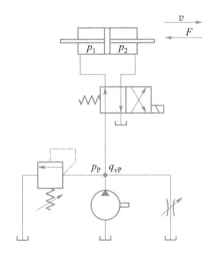

图 2-8 进油节流调速回路   图 2-9 回油节流调速回路

节流阀回油节流调速回路也具备前述进油节流调速回路的特点,但这两种调速回路因液压缸回油腔压力存在差异,因此也有不同之处,具体如下。

1)回油节流调速回路,由于液压缸的回油腔存在背压,因而能承受一定的负值负载(与活塞运动方向相同的负载,如顺铣的铣削力和垂直运动部件下行时的重力)。而进油节流调速回路,在负值负载作用下活塞的运动会因失控而超速前冲。

2)回油节流调速回路,由于液压缸的回油腔存在背压,且活塞运动速度越快产生的背压力就越大,故其运动平稳性较好。而进油节流调速回路,液压缸的回油腔则无此背压,因此其运动平稳性较差,若增加背压阀,则运动平稳性可得到提高。

3)回油节流调速回路,经过节流阀发热后的油液直接流回油箱冷却,对液压缸泄漏影响较小。而进油节流调速回路,通过节流阀发热后的油液直接进入液压缸,会引起泄漏增加。

4)回油节流调速回路,在停车后,液压缸回油腔中的油液会由于泄漏而形成空隙。启动时,液压泵输出的流量将不受流量控制阀的限制而全部进入液压缸,使活塞出现较大的启动超速前冲。而进油节流调速回路因进入液压缸的流量总是受节流阀的限制,故启动冲击小。

5)进油节流调速回路比较容易实现压力控制,当运动部件碰到死挡铁后,液压缸进油腔压力会上升到溢流阀的调定压力,利用这种压力的上升变化可使压力继电器发出电信号。而回油节流调速回路,液压缸进油腔压力变化很小,难以利用,虽说在运动部件碰到死挡铁后,液压缸回油腔压力会下降到零,利用这种压力下降变化也可使压力继电器发出电信号,但电路复杂,可靠性低。

此外,对于单活塞杆缸,无杆腔进油节流调速可获得较有杆腔回油节流调速低的速度和大的调速范围;有杆腔回油节流调速,在轻载时回油腔背压力可能比进油腔压力高出许多,从而引起较大的泄漏。

（3）旁路节流调速回路

这种调速回路将流量控制阀设置在与执行元件并联的支路上,如图 2-10 所示。用节流阀来调节流回油箱的流量,以间接控制进入液压缸的流量,从而达到调速目的。回路中溢流阀常闭,起安全保护作用,故液压泵的供油压力随负载变化而变化。

旁路节流调速适用于负载变化小和对运动平稳性要求不高的高速大功率场合。应注意在这种调速回路中,泵的泄漏对活塞运动速度有较大影响,而进油和回油节流调速回路,泵的泄漏对活塞运动速度影响则较小,因此这种调速回路的速度刚性比前两种回路都低。

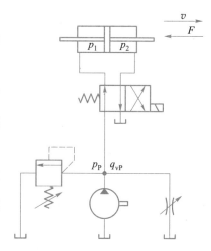

图 2-10　旁路节流调速回路

（4）节流调速回路工作性能的改进

使用节流阀的节流调速回路,其速度刚性比较低,在负载变化的情况下运动平稳性较差,这主要是由于负载变化引起节流阀前后压力差变化而产生的后果。如果用调速阀代替节流阀,调速阀中的定差减压阀可使节流阀前后压力差保持基本恒定,故可提高节流调速回路的速度刚性和运动平稳性,但工作性能的提高是以加大流量控制阀前后压力差（调速阀前后压力差一般最小应有 0.5 MPa,高压调速阀应有 1.0 MPa）为代价的,故功率损失较大,效率较低。调速阀节流调速回路在机床及低压小功率系统中得到广泛应用。

2. 容积调速回路

这种调速回路的特点是液压泵输出的油液都直接进入执行元件,没有溢流和节流损失,因此效率高、发热小,适用于大功率系统,但这种回路需要采用结构较复杂的变量泵或变量马达,故造价高,维修较困难。

容积调速回路按油液循环方式不同可分为开式和闭式两种。开式回路的液压泵从油箱吸油供给执行元件,执行元件排出的油液直接返回油箱,油液在油箱中可得到很好的冷却并沉淀杂质,油箱体积大,空气也容易侵入回路而影响执行元件的运动平稳性;闭式回路的液压泵将油液输入执行元件的进油腔,又从执行元件的回油腔处吸油,油液不经过油箱,而直接在封闭回路内循环,从而减少了空气侵入的可能性,但为了补偿回路的泄漏和执行元件进、回油腔的流量差,需设置补油装置。

根据液压泵与执行元件的组合不同,容积调速回路有三种形式,即变量泵—定量马达(或缸)容积调速回路;定量泵—变量马达容积调速回路;变量泵—变量马达容积调速回路。

(1)变量泵—定量马达(或缸)容积调速回路

图2-11a 所示为变量泵—液压缸开式容积调速回路,图2-11b 为变量泵—定量马达闭式容积回路。这两种调速回路都是利用改变变量泵的输出流量来调节速度的。

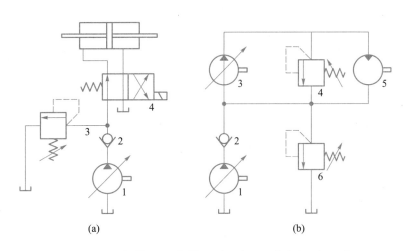

图2-11 变量泵—定量马达(或缸)容积调速回路

在图2-11a 中,溢流阀3作安全阀用,换向阀4用来改变活塞运动方向,活塞运动速度是通过改变泵1的输出流量来调节的,单向阀2可在变量泵1停止工作时防止系统中的油液流空和空气侵入。

在图2-11b 中,为补充封闭回路的泄漏而设置了补油装置。辅助泵1(辅助泵1的流量一般为泵3最大流量的10%~15%)将油箱中经过冷却的油液输入封闭回路,同时溢流阀6溢出马达5排出的多余热油,而起到稳定低压管路压力和置换热油的作用,由于变量泵3的吸油口具有一定压力,故可避免空气侵入和出现空穴现象,封闭回路中的高压管路上连有安全阀4以防止系统过载,单向阀2在系统停止工作时防止封闭回路中的油液流空和空气侵入。马达5的转速是通过改变泵3的输出流量来调节的。

这种容积调速回路中,液压泵的转速和液压马达的排量都为常数,液压泵的供油压力随负载增加而升高,其最高压力由安全阀限制。这种容积调速回路的马达(或缸)输出速度、输出的最大功率都与变量泵的排量成正比,输出的最大转矩(或推力)恒定不变,故称这种回路为恒转矩(或推力)调速回路,由于其排量可调节范围很大,因此其调速范围较大。

(2)定量泵—变量马达容积调速回路

将图2-11b 中的变量泵3换成定量泵,定量马达置换成变量马达即构成这种回路。在这种调速回路中,液压泵的转速和排量都为常数,液压泵的最高供油压力同样由安全阀限制。该调速回路马达能输出的最大转矩与变量马达的排量成正比,马达转速与其排量成反比,能输出的最大功率恒定不变,故称这种回路为恒功率调速回路。马达排量因受到拖动负载能力和机械强度的限制而不能调得太小,相应其调速范围也小,且调节很不方便,因此这种调速回路目前很少单独使用。

（3）变量泵—变量马达容积调速回路

图 2-12 所示为变量泵—变量马达容积调速回路。回路中元件对称设置,双向变量泵 2 可正反向供油,相应双向变量马达 10 便能实现正反向转动。调节泵 2 和马达 10 的排量可改变马达的转速。泵 2 正向供油时,上管路 3 是高压管路,下管路 11 是低压管路,马达 10 正向旋转,阀 7 作安全阀以防止马达正向旋转时系统过载,此时阀 6 不起作用,辅助泵 1 经单向阀 5 向低压管路 11 补油,此时另一单向阀 4 则关闭。液动换向阀 8 在高低压管路压力差大于一定数值（如 0.5 MPa）时,液动换向阀阀芯下移。低压管路 11 与溢流阀 9 接通,则马达 10 排出的多余热油经外阀 9 溢出（阀 12 的调定压力应比外阀 9 高）,此时泵 1 供给的冷油置换了热油;当高低压管路压力差很小（马达的负载小,油液的温升也小）时,阀 8 处于中位工作,泵 1 输出的多余油液则从溢流阀 12 溢回油箱,只补偿封闭回路的泄漏,而不置换热油。此外,阀 9 和 12 也可保证泵 2 吸油口具有一定压力而避免空气侵入和出现空穴现象,单向阀 4 和 5 在系统停止工作时防止封闭回路中的油液流空和空气侵入。

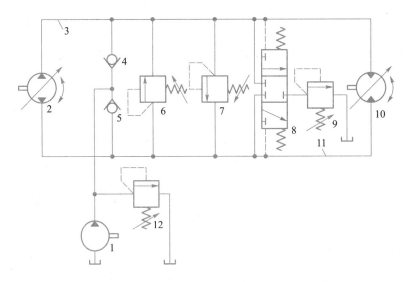

图 2-12　变量泵—变量马达容积调速回路

当泵 2 反向供油时,上管路 3 是低压管路,下管路 11 是高压管路。马达 10 反向转动,阀 6 作安全阀,其他各元件的作用与上类似。

变量泵—变量马达容积调速回路是恒转矩和恒功率组合的调速回路。由于许多设备在低速时要求有较大的转矩,而在高速时又希望输出功率能基本不变,因此调速时通常先将马达的排量调至最大并固定不变（以使马达在低速时能获得最大输出转矩）,用调大泵的排量来提高马达转速,这时马达能输出的最大转矩恒定不变,属恒转矩调速;若泵的排量调至最大后需继续提高马达转速,可使泵的排量固定在最大值,而用减小马达排量的办法来实现马达继续升速,这时马达能输出的最大功率恒定不变,属恒功率调速。这种调速回路具有较大的调速范围,效率较高,故适用于大功率和调速范围要求较大的场合。

在容积调速回路中,泵的工作压力是随负载而变化的。而泵和执行元件的泄漏量随工作压力的升高而增加。由于泄漏的影响,将使液压马达(或液压缸)的速度随着负载的增加而下降,速度刚性差。

3. 容积节流调速回路

容积调速虽然具有效率高、发热小的优点,但执行元件的速度却因泄漏影响随负载的变化而变化,尤其在低速时速度刚性更差。如果系统既要求有较高的效率,又要求有较好的速度刚性,可采用容积节流调速回路,图 2-13 所示便是这种回路(图中的调速阀也可设置在回油路上)。限压式变量泵输出的油液经调速阀进入液压缸左腔,液压缸右腔的油液经背压阀返回油箱,调节调速阀便可改变进入液压缸的流量,泵的供油量会自动地与进入液压缸的流量相适应。

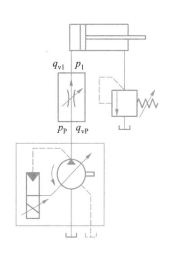

这种调速回路的特点是速度刚性好,且泵的供油量能自动与调速阀调节的流量相适应,只有节流损失,没有溢流损失。但这种调速回路不宜用于负载变化大且大部分时间在低负载下工作的场合。

图 2-13　限压式变量泵—调速阀容积节流调速回路

二、增速回路

增速回路的功能是使执行元件在空行程时获得尽可能大的运动速度,以提高生产率或充分利用功率。根据 $v = q_V / A_c$ 可知,增加进入液压缸的流量或缩小液压缸有效工作面积都能提高液压缸的运动速度(即增速)。

图 2-14 所示为单活塞杆缸差动连接增速回路。二位三通电磁换向阀处于图示位置时,单活塞杆缸差动连接,液压缸有效工作面积为 $A_1 - A_2$,活塞快速向右运动;电磁换向阀通电时,单活塞杆缸为非差动连接,其有效工作面积为 A_1。这可说明单活塞杆缸差动连接增速的实质是因为缩小了液压缸有效工作面积。这种回路简单、经济,但只能实现一个方向的增速,增速受液压缸两腔有效工作面积的限制,增速的同时液压缸的推力减小。

图 2-15 所示为双泵并联增速回路。高压小流量泵 1 的流量按执行元件最大工作进给速度需要确定,工作压力由溢流阀 5 调定,低压大流量泵 2 起增速作用,它和泵 1 的流量加在

一起应满足执行元件快速运动所需流量要求。液控顺序阀3的调定压力应比快速运动时最高工作压力高0.5~0.8 MPa,快速运动时,由于负载小,系统压力较低,则阀3关闭,泵2输出的油液经单向阀4与泵1输出的油液汇合在一起进入执行元件,实现快速运动;需要工作进给运动时,系统压力升高,阀3打开,泵2卸荷,阀4关闭,此时仅由泵1向执行元件供油,实现工作进给运动。这种回路的效率高,功率利用合理,能实现比最大工作进给速度大得多的快速功能。

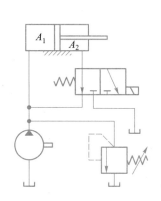

图2-14　单活塞杆缸差动连接增速回路

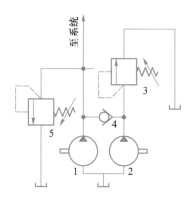

图2-15　双泵并联增速回路

图2-15所示回路也是一种增速回路。当1YA(或2YA)通电时,电磁换向阀7右位(或左位)接入回路,泵1和蓄能器4共同向液压缸供油,实现快速运动,蓄能器4起到增速作用。这种回路适用于短期要求快速运动的场合,能以较小流量的泵提供快速运动,功率利用合理,但系统在一个工作循环内必须有足够的停歇时间,以使泵能完成对蓄能器的充油工作。

三、换速回路

这种回路的功能是使执行元件实现运动速度的切换。换速回路因切换前后速度相对快慢的不同,常有快速—慢速和慢速—慢速切换两大类。

1. 快速—慢速切换回路

图2-16所示为用行程阀的快速—慢速切换回路。电磁换向阀左位和行程阀下位接入回路(图示状态)时,液压缸活塞快速向右运动,当活塞移动致使挡块压下行程阀时,行程阀关闭,液压缸的回油必须通过节流阀,活塞运动切换成慢速;当换向阀右位接入回路,液压油经单向阀进入液压缸右腔,活塞快速向左运动。这种回路快速—慢速切换比较平稳,切换点准确,但不能任意布置行程阀的安装位置。

如将图2-16所示回路中的行程阀改为电磁换向阀,并通过挡块压下电气行程开关来控制电磁换向阀工作,也可实现上述快速—慢速自动切换。可灵活地布置电磁换向阀的安装位置,但切换平稳性和切换点准确性都比用行程阀差。

　　此外,还可用电液比例流量控制阀和电液数字流量控制阀等来实现快速—慢速切换控制。

2. 慢速—慢速切换回路

　　图 2-17 所示为串联调速阀慢速—慢速切换回路。当电磁铁 1YA 通电时,液压油经调速阀 1 和二位二通电磁换向阀进入液压缸左腔,此时调速阀 2 被短接,活塞运动速度由调速阀 1 控制,实现第一种慢速;若电磁铁 1YA 和 3YA 同时通电,则液压油先经调速阀 1,再经调速阀 2 进入液压缸左腔,活塞运动速度由调速阀 2 控制,实现第二种慢速(调速阀 2 的通流面积必须小于调速阀 1);当电磁铁 2YA 通电后,液压油进入液压缸右腔,液压缸左腔油液经单向阀流回油箱,实现快速退回。这种回路因慢速—慢速切换平稳,在机床上应用较多。

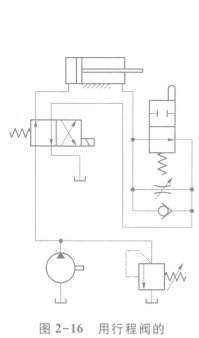

图 2-16　用行程阀的
快速—慢速切换回路

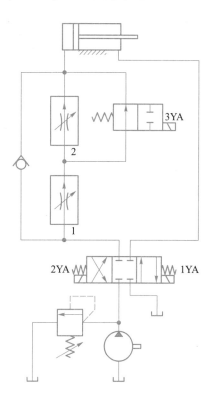

图 2-17　串联调速阀慢速—
慢速切换回路

　　图 2-18a 所示为并联调速阀慢速—慢速切换回路。当电磁铁 1YA 通电时,液压油经调速阀 1 和二位三通电磁换向阀进入液压缸左腔,实现第一种慢速;当电磁铁 1YA 和 3YA 同时通电时,压力油路经调速阀 2 和二位三通电磁换向阀进入液压缸左腔,实现第二种慢速。这种回路,在调速阀 1 工作时,调速阀 2 的通路被切断,相应阀 2 前后两端(a、b)的压力相等,则阀 2 中的定差减压阀口全开,在二位三通电磁换向阀切换瞬间,b 点压力突然下降,在减压阀口还没有关小前,阀 2 中节流阀前后压力差瞬时增大,相应瞬时流量大,造成瞬时活塞快速前冲现象,同样当阀 1 由断开接入工作状态,亦会出现上述现象。

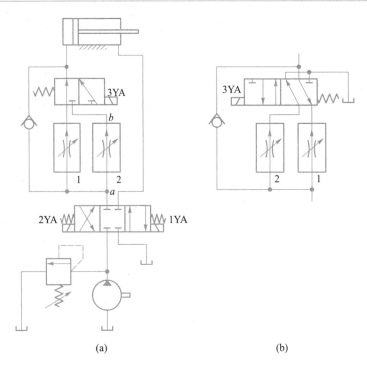

图 2-18　并联调速阀慢速—慢速切换回路

　　为了避免并联调速阀换速回路的瞬时快速前冲现象,可将图中二位三通换向阀换为二位五通换向阀,如图 2-18b 所示。调速阀 1 在工作时,调速阀 2 仍有油液通过(接回油箱),这时阀 2 前后保持较大压力差,阀 2 中的定差减压阀口较小,在二位五通换向阀切换瞬间,不会造成阀 2 中节流阀前后压力差的瞬时增大,因此克服了瞬时快速前冲现象,速度切换较平稳。此外,还可通过电液比例流量控制阀和电液数字流量控制阀等实现无级切换。

2.3　方向控制回路

　　方向控制回路是控制执行元件的启动、停止及换向的回路。这类回路包括换向和锁紧两种基本回路。

一、换向回路

　　换向回路的功能是改变执行元件的运动方向。一般可采用各种换向阀来实现,在闭式容积调速回路中也可利用双向变量泵实现。

1. 电磁换向阀换向回路

　　用电磁换向阀来实现执行元件换向最方便,但电磁换向阀动作快,换向时会有冲击,不宜用于频繁换向。采用电液换向阀换向时,虽然其液动换向阀的阀芯移动速度可调节,换向冲击较小,但仍不适用于频繁换向的场合。即使这样,电磁换向阀换向回路仍是应用最广泛的回路,尤其在自动化程度要求较高的组合液压系统中被普遍采用。这种换向回路曾多次出现于前文所述的回路中,这里不再赘述。

2. 机动换向阀换向回路

机动换向阀可作频繁换向,且换向可靠性较好(这种换向回路的执行元件换向是通过工作台侧面固定的挡块和杠杆直接作用来实现的,而电磁换向阀换向,需要通过电气行程开关、继电器和电磁铁等中间环节),但机动换向阀必须安装在执行元件附近,不如电磁换向阀安装灵活。另外,其换向性能也不够完善,如三位机动换向阀,在执行元件运动速度很低的情况下,当挡块和杠杆使换向阀阀芯移动到中间位置时,阀芯有可能将阀的油口 A、B 封闭、互通或通油箱,使执行元件失去动力而停止运动,因而可能出现换向"死点";若执行元件运动速度较高,虽能克服换向"死点",但因换向过快会引起换向冲击。对于换向频繁,以及换向平稳性、换向精度和换向可靠性要求较高的场合,常采用机液动换向阀换向回路。

二、锁紧回路

锁紧回路的功能是使执行元件停止在规定的位置上,且能防止因外界影响而发生漂移或窜动。

通常采用 O 型或 M 型中位机能的三位换向阀构成锁紧回路,当接入回路时,执行元件的进、出油口都被封闭,可将执行元件锁紧不动。这种锁紧回路由于受到换向阀泄漏的影响,执行元件仍可能产生一定漂移或窜动,锁紧效果较差。

图 2-19 所示为液压锁(由两个液控单向阀组成)锁紧回路。活塞可以在行程的任何位置停止并锁紧,其锁紧效果只受液压缸泄漏的影响,因此其锁紧效果较好。

采用液压锁的锁紧回路,换向阀的中位机能应使液压锁的控制油液卸压(即换向阀应采用 H 型或 Y 型中位机能),以保证换向阀中位接入回路时,液压锁能立即关闭,活塞停止运动并锁紧。假如采用 O 型中位机能的换向阀,换向阀处于中位时,由于控制油液仍存在压力,液压锁不能立即关闭,直至由于换向阀泄漏使控制油液压力下降到一定值后,液压锁才能关闭,这就降低了锁紧效果。

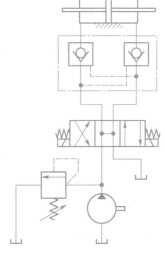

图 2-19 液压锁锁紧回路

2.4　多缸工作控制回路

多缸工作控制回路是一个液压源驱动多个液压缸配合工作的回路。这类回路常包括顺序动作回路、同步回路和互不干扰回路等。

一、顺序动作回路

顺序动作回路的功能是使多个液压缸按照预定顺序依次动作。这种回路常用的控制方式有压力控制和行程控制两类。

1. 压力控制顺序动作回路

压力控制顺序动作回路是利用油路本身的压力变化来控制多个液压缸动作顺序的。常用压力继电器和顺序阀来控制多个液压缸的动作顺序。

图 2-20 所示为顺序阀控制顺序动作回路。单向顺序阀 4 控制两液压缸向右运动的先后顺序,单向顺序阀 3 控制两液压缸向左运动的先后顺序。当电磁换向阀未通电时,液压油进入液压缸 1 的左腔和阀 4 的进油口,缸 1 右腔油液经阀 3 中的单向阀流回油箱,缸 1 的活塞向右运动,而此时进油路压力较低,阀 4 处于关闭状态;当缸 1 的活塞向右运动到行程终点碰到死挡铁后,进油路压力升高到阀 4 的调定压力时,阀 4 打开,压力油进入液压缸 2 的左腔,缸 2 的活塞向右运动;当缸 2 的活塞向右运动到行程终点后,其挡块压下相应的电气行程开关(图中未画出)而发出电信号时,电磁换向阀通电而换向,此时液压油进入缸 2 的右腔和阀 3 的进油口,缸 2 的左腔油液经阀 4 中的单向阀流回油箱,缸 2 的活塞向左运动;当缸 2 的活塞向左到达行程终点碰到死挡铁后,进油路压力升高到阀 3 的调定压力时,阀 3 打开,缸 1 的活塞向左运动。若缸 1 和 2 的活塞向左运动无先后顺序要求,可将阀 3 省去。

图 2-21 所示为压力继电器控制顺序动作回路。压力继电器 1KP 控制两液压缸向右运动的先后顺序,压力继电器 2KP 控制两液压缸向左运动的先后顺序。当电磁铁 2YA 通电时,换向阀 3 右位接入回路,液压油进入液压缸 1 左腔推动其活塞向右运动;当缸 1 的活塞向右运动到行程终点碰到死挡铁时,进油路中压力升高而使压力继电器 1KP 动作发出电信号,相应电磁铁 4YA 通电,换向阀 4 右位接入回路,液压缸 2 的活塞向右运动;当缸 2 的活塞向右运动到行程终点,其挡块压下相应的电气行程开关而发出电信号时,电磁铁 4YA 断电而 3YA 通电,阀 4 换向,缸 2 的活塞向左运动;当缸 2 的活塞向左运动到行程终点碰到死

挡铁时,进油路中压力升高而使压力继电器 2KP 动作发出电信号,相应 3YA 断电而 1YA 通电,阀 3 换向,缸 1 的活塞向左运动。为了防止压力继电器发生误动作,压力继电器的动作压力应比先动作的液压缸最高工作压力高 0.3~0.5 MPa,但应比溢流阀的调定压力低 0.3~0.5 MPa。

这种回路适用于液压缸数目不多、负载变化不大和可靠性要求不太高的场合。

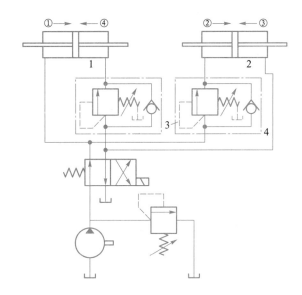

图 2-20　顺序阀控制顺序动作回路

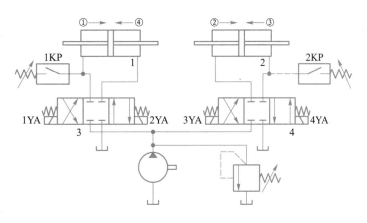

图 2-21　压力继电器控制顺序动作回路

2. 行程控制顺序动作回路

行程控制顺序动作回路是利用运动部件运动至一定位置时发出的信号来控制液压缸动作顺序的回路。图 2-22 所示为电气行程开关控制顺序动作回路。当电磁铁 1YA 通电时,液压缸 1 的活塞左行;当缸 1 的挡块随活塞左行到行程终点触动电气行程开关 1ST 时,电磁铁 2YA 通电,液压缸 2 的活塞左行;当缸 2 的挡块随活塞左行至行程终点触动电气行程开关 2ST 时,电磁铁 1YA 断电,换向阀换向,缸 1 的活塞右行;当缸 1 的挡块触动电气行程开关 3ST 时,电磁铁 2YA 断电,换向阀换向,缸 2 的活塞右行。这种回路的可靠性取决于电气行程开关和电磁换向阀的可靠性,变更液压缸的动作行程和顺序都比较方便,且可利用电气互锁来保证动作顺序的可靠性。

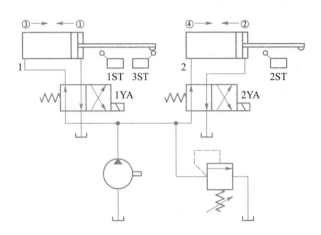

图 2-22　电气行程开关控制顺序动作回路

二、同步回路

同步回路的功能是使多个液压缸在运动中保持位置或速度相同。在多缸液压系统中,尽管液压缸的有效工作面积和输入流量相同,但由于液压缸存在制造误差或承受负载不均衡,引起各液压缸的泄漏量亦不同,会使各液压缸不能同步动作。同步回路可克服这些影响,消除累积误差而保证同步。

图 2-23 所示为串联液压缸同步回路。电磁铁 1YA 通电时,换向阀 4 右位接入回路,液压缸 1 和 2 的活塞下行。当缸 1 的活塞先到达行程终点,其挡块触动电气行程开关 1ST 时,电磁铁 3YA 通电,换向阀 3 右位接入回路,液压油经液控单向阀进入缸 2 上腔进行补油,使缸 2 的活塞能继续下行到达行程终点而消除位置误差;若缸 2 的活塞先到达行程终点,其挡块触动电气行程开关 2ST 时,电磁铁 4YA 通电,阀 3 左位接入回路,液控单向阀打开,缸 1 的下腔与油箱接通,使缸 1 的活塞能继续下行到达行程终点而消除位置误差。

图 2-24 所示为电液比例调速阀同步回路。回路使用了一个普通调速阀 3 和一个电液比例调速阀 4,它们设置在由单向阀组成的桥式回路中,并分别控制液压缸 1 和 2 的运动速度。当两个活塞出现位置误差时,检测装置(图中未画出)就会发出信号,自动控制阀 4 通流面积的大小,使缸 2 的活塞与缸 1 的活塞实现同步运动。这种回路的同步精度高,位置误差可控制在 0.5 mm 以内,能满足大多数工作部件要求的同步精度。电液比例阀的费用低,对环境适应性强,因此,用它来实现同步控制是一个新的发展方向。

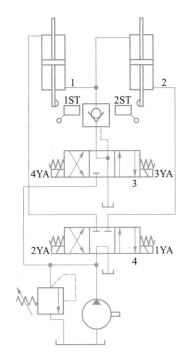

图 2-23 串联液压缸同步回路

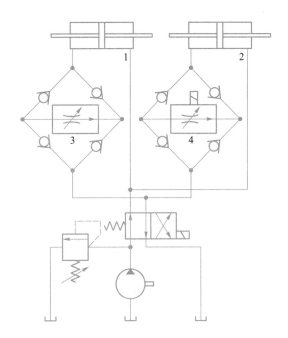

图 2-24 电液比例调速阀同步回路

三、互不干扰回路

互不干扰回路的功能是使几个液压缸在完成各自的循环动作时彼此互不影响。在多缸液压系统中,往往由于其中一个液压缸快速运动,而造成系统压力下降,影响其他液压缸慢速运动的稳定性。因此,对于慢速要求比较稳定的多缸液压系统,需采用互不干扰回路。

图 2-25 所示为多缸快慢速互不干扰回路。图中各液压缸(仅示出两个液压缸)分别要完成快进、工进和快退的自动循环。回路采用双泵供油,高压小流量泵 1 提供各缸工进所需液压油,低压大流量泵 2 为各缸快进或快退时输送低压油,它们分别由溢流阀 3 和 4 调定供油压力。当电磁铁 1YA、3YA(或 2YA、4TA)未通电时,缸 13(或缸 14)左右两腔由二位五通电磁换向阀 7、11(或阀 8、12)连通,由泵 2 供油实现差动快进,此时泵 1 的供油路被阀 7(或 8)切断;当电磁铁 1YA、3YA(或 2YA、4YA)通电时,缸 13(或缸 14)由泵 1 经调速阀 5(或阀 6)供油实现工进,此时泵 2 的供油路被阀 7、11(或阀 8、12)切断;当电磁铁 1YA(或 2YA)通电而 3YA(或 4YA)断电时,泵 1 的供油路被阀 11(或阀 13)切断,泵 2 提供的低压油输入缸 13(或缸 14)的右腔实现快退。由于快慢运动的供油路分开,当缸 13 在工进时,若缸 14 已由工进转为快退,也不会引起缸 13 工进油路中压力的下降,对缸 13 的慢速工进不会产生影响,即实现了多缸快慢速运动的互不干扰。

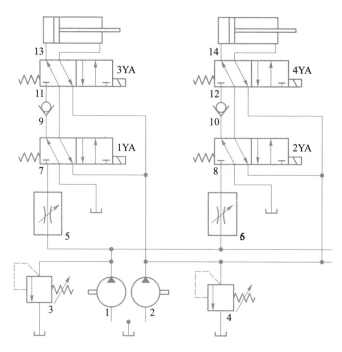

图 2-25　多缸快慢速互不干扰回路

基本技能训练　压力控制回路连接与调试

一、实训目的

1）通过实验掌握液压系统多种控制系统压力的方式。

2）通过实验掌握液压系统各元件的功能、作用。

3）通过实验熟悉液压缸在不同控制方式下的不同状态。

4）通过实验熟悉液压泵不同控制方式下的不同状态。

二、任务描述

1）认识实训所用到的各元件的名称规格、型号,掌握各元件的结构和工作原理。

2）根据控制回路原理图正确连接元件。

3）按实训要求调试回路并记录实训结果。

三、主要实训器材

主要实验器材见表 2-1。

表 2-1　主要实验器材

序号	元件名称	数量
1	溢流阀	1
2	三位四通电磁换向阀（M 形）	1
3	二位二通电磁换向阀	1
4	单向阀	1
5	液压缸	1
6	减压阀及压力表	各 1
7	四通接头	1
8	油管	若干

四、要求与步骤

1. 原理与回路

1）按照图 2-26 所示连接三位四通电磁阀压力控制回路,当电磁阀处于中位时,液压油直接流回油箱,溢流阀处于关闭状态,压力表显示压力较低,泵处于卸荷状态。

2）按照图 2-27 所示连接二位二通电磁阀压力控制回路,当电磁阀得电时,液压油通过溢流阀流回油箱,溢流阀处于打开状态,泵处于工作状态;当电磁阀不得电时,液压油通过电磁阀流回油箱,溢流阀处于关闭状态,泵处于卸荷状态,压力表显示压力很低。

2. 实训步骤

1）按照图 2-26 所示用油管连接各个元件,并检验连接是否正确,接头是否松动。

2）确认连接无误后启动油泵,在左或右线圈得电的情况下,观察压力表的压力数值。

3）在左和右线圈都不得电的情况下,观察压力表的压力数值。

4）按照图 2-27 用油管连接各个元件,并检验连接是否正确,接头是否松动。

5）确认连接无误后启动油泵,在二位二通电磁阀电磁铁不得电的情况下,观察压力表的压力数值。

6）在二位二通电磁阀电磁铁得电的情况下,观察压力表的压力数值。

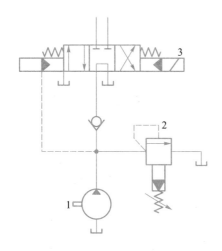

图 2-26　三位四通电磁阀压力控制回路

1—液压泵;2—减压阀;3—三位四通电磁阀

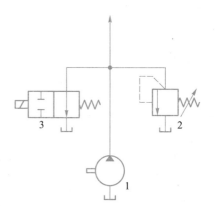

图 2-27　二位二通电磁阀压力控制回路

1—液压泵;2—溢流阀;3—二位二通电磁阀

五、安全注意事项

1) 按照提供的控制回路原理图进行连接。

2) 在需要敲打某一零件时,请用铜棒,切忌用铁或钢棒。

3) 检查密封有无老化现象,如果有,请更换新密封件。

4) 按好气压回路之后,应检查各快速接头的连接部分是否连接可靠,最后请指导教师确认无误后,方可起动。

5) 运行状态中严禁乱动设备。

六、总结与思考

1) 压力控制回路是利用压力控制阀作为回路的主要控制元件,控制整个液压系统或局部系统压力的回路,以满足执行元件输出所需要的力或力矩的要求。

2) 液压系统的压力调节是怎样实现的?

3) 本实训的压力控制回路属于哪种类型?

思考题与习题

2-1　分析图 2-28 所示回路,泵的供油压力有几级?各为多大(提示:溢流阀串联时,泵的供油压力为各溢流阀的调定压力之和)?

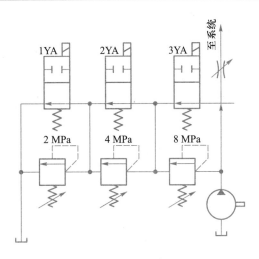

图 2-28　题图一

2-2　分析图 2-7 所示回路,若将液控单向顺序阀换成液控单向阀,回路还能正常工作吗？为什么？

2-3　分析图 2-8 所示回路,若液压缸的有效工作面积 $A_c = 100 \text{ cm}^2$,负载 $F = 25\,000$ N,节流阀的压降为 0.3 MPa。试问在不计其他损失的情况下溢流阀的调定压力应为多少？若溢流阀按上述要求调好后,负载从 25 000 N 降低至零,液压泵的工作压力和活塞运动速度各有什么变化趋势？

2-4　试说明图 2-29 所示容积调速回路中单向阀 A 和 B 的功用(提示:从液压缸的进出流量大小不同考虑)。

2-5　图 2-30 所示回路能否实现"缸 1 先夹紧工件后,缸 2 再移动"的要求？为什么？夹紧缸的速度能调节否？为什么(提示:从顺序阀可靠动作的条件和进油节流调速条件考虑)？

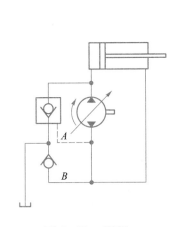

图 2-29　题图二

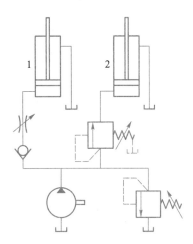

图 2-30　题图三

单元3
典型液压传动系统

本单元在液压基本回路的基础上,通过对典型液压系统的分析,进一步加深对各种液压元件和基本回路综合运用的认识,为液压系统的安装、调试、使用和维修打下良好的基础。

在使用、调整和维修液压系统时,首先要阅读和分析液压系统图,其方法和步骤如下:

1) 了解设备的功用和液压系统的工作循环、动作要求。

2) 初步阅读液压系统图,了解系统由哪些基本回路组成,各液压元件的功用及其相互间的关系。

3) 根据工作循环和动作要求,参照电磁铁动作顺序表和有关资料,弄清液流路线,读懂液压系统图。

3.1 组合机床动力滑台液压系统

一、概述

组合机床是一种高效率的专用机床,它由具有一定功能的通用部件和一部分专用部件组成,加工工艺范围宽,自动化程度高,在机械制造业的成批和大量生产中得到广泛应用。液压动力滑台是组合机床实现进给运动的一种通用部件,根据加工工艺需要可在滑台台面上装动力箱、多轴箱或各种专用的切削头等工作部件,以完成钻、扩、铰、铣、镗、刮端面、倒角、攻螺纹等加工工序,并可实现多种工作循环。对液压动力滑台液压系统性能的要求主要是工作可靠,换速平稳,进给速度稳定,功率利用合理和系统效率高。现以1HY40型动力滑台为例介绍液压动力滑台液压系统的工作原理、组成特点、调整、常见故障及排除方法。

图3-1所示为1HY40型液压动力滑台的液压系统图。该滑台的进给速度范围为0.012 5~

0.50 m/min,最大运动速度为 8.0 m/min,最大进给力为 20 000 N。该液压系统可实现多种工作循环(图 3-2)。

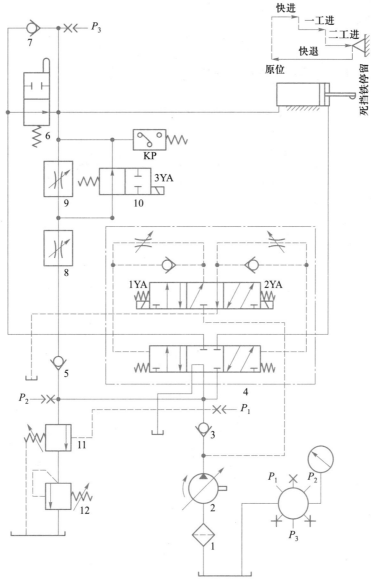

图 3-1 1HY40 型动力滑台液压系统图

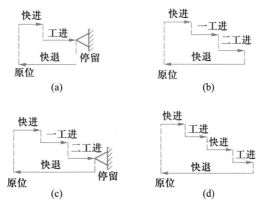

图 3-2 动力滑台工作循环

二、1HY40 型动力滑台液压系统

1. 工作原理

在分析液压系统图时,可参考表 3-1 所列电磁铁和行程阀的动作顺序。

表 3-1　电磁铁和行程阀动作顺序

动作	电磁铁			行程阀 6	KP
	1YA	2YA	3YA		
快进	+	−	−	−	−
一工进	+	−	−	+	−
二工进	+	−	+	+	−
死挡铁停留	+	−	+	+	+
快退	−	+	−	+	−
原位停止	−	−	−	−	−

注:"+"表示电磁铁通电、压下行程阀或压力继电器动作;"−"表示电磁铁断电、松开行程阀或压力继电器复位(后同)。

1)快速前进(工进)。按下启动按钮,电磁铁 1YA 通电,电液换向阀 4 的先导阀左位接入系统,这时控制油路如下。

进油路:过滤器 1 → 变量泵 2→ 阀 4 的先导阀 → 阀 4 的左单向阀 → 阀 4 的液动阀左端。

回油路:阀 4 的液动阀右端 → 阀 4 的右节流阀 → 阀 4 的先导阀 → 油箱。

在控制油液压力作用下阀 4 的液动阀左位接入系统,这时因负载较小,系统压力较低,液控顺序阀 11 处于关闭状态,主油路如下。

进油路:过滤器 1→ 变量泵 2→ 单向阀 3→ 阀 4 的液动阀 → 行程阀 6→ 液压缸左腔。

回油路:液压缸右腔 → 阀 4 的液动阀 → 单向阀 5→ 行程阀 6→ 液压缸左腔。

液压缸左右两腔都通液压油而形成差动快进,此时系统压力较低,限压式变量泵 2 输出流量为最大,滑台快速前进。

2)第一次工作进给(一工进)。当滑台快速前进到预定位置时,其挡块压下行程阀 6 而切断快进油路,此时泵 2 输出的油液只能经调速阀 8 和二位二通电磁换向阀 10 而进入液压缸左腔,相应系统压力升高,液控顺序阀 11 打开,滑台切换为第一次工作进给运动,主油路如下。

进油路:过滤器 1→变量泵 2→单向阀 3→阀 4 的液动阀→调速阀 8→换向阀 10→液压缸左腔。

回油路:液压缸右腔→阀 4 的液动阀→液控顺序阀 11→背压阀 12→油箱。

限压式变量泵 2 的输出流量随系统压力升高而自动减小,与调速阀 8 调节的流量相适应,第一次工作进给速度由调速阀 8 调节控制。

3)第二次工作进给(二工进)。当滑台第一次工作进给到预定位置时,其挡块压下相应的电气行程开关(图中未画出)而发出电信号,使电磁铁 3YA 通电,换向阀 10 的右位接入系统,这时液压油需经调速阀 8 和 9 进入液压缸左腔,液压缸右腔的回油路线与第一次工作进给时相同。因调速阀 9 调节的通流面积比调速阀 8 小,故滑台工作进给运动速度降低为第二次工作进给,其速度由调速阀 9 调节确定。

4)死挡铁停留。当滑台第二次工作进给终了碰到死挡铁后,滑台即停止前进,这时液压缸左腔压力升高,使压力继电器 KP 动作而发出电信号给时间继电器,其停留时间由时间继电器控制。设置死挡铁可提高滑台停止的位置精度。

5)快速退回(快退)。滑台停留结束,时间继电器发出电信号,使电磁铁 1YA、3YA 断电而 2YA 通电,阀 4 的先导阀右位接入系统,这时控制油路如下。

进油路:过滤器 1 →变量泵 2→阀 4 的先导阀→阀 4 的右单向阀→阀 4 的液动阀右端。

回油路:阀 4 的液动阀左端→阀 4 的左节流阀→阀 4 的先导阀→油箱。

在控制油液压力作用下阀 4 的液动阀右位接入系统,主油路如下。

进油路:过滤器 1 →变量泵 2→单向阀 3→阀 4 的液动阀→液压缸右腔。

回油路:液压缸左腔→单向阀 7→阀 4 的液动阀→油箱。

由于滑台退回时负载小,系统压力较低,泵 2 的流量自动增至最大,则滑台快速退回。

6)原位停止。当滑台快退到原位时,其挡块压下原位电气行程开关(图中未示出)而发出电信号,使电磁铁 2YA 断电,阀 4 的先导阀和液动阀都回到中位,液压缸进回油口被封闭,滑台原位停止。这时泵 2 输出的油液经单向阀 3 和阀 4 的液动阀中位流回油箱,泵实现低压卸荷。

单向阀 3 的作用是在泵卸荷时,使控制油液仍保持一定压力,以保证阀 4 的先导阀电磁铁通电时液动阀能启动换向。

2. 系统的特点

从以上分析可知,该系统主要采用了限压式变量泵和调速阀组成的容积节流调速回路、单活塞杆液压缸差动连接增速回路、电液换向阀换向回路(三位换向阀卸荷回路)、行程阀和电磁换向阀换速回路、串联调速阀二次进给回路等。这些基本回路决定了系统的主要性能,其特点如下。

1）采用调速阀进油节流调速回路,保证了稳定的低速进给运动、较好的速度刚性和较大的调速范围。在回油路上设置背压阀,改善了运动平稳性。

2）限压式变量泵在快进时能输出最大的流量,在工作进给时,输出流量与调速阀控制的流量相适应,在死挡铁停留时仅输出补偿系统泄漏所需流量,在滑台原位停止时泵低压卸荷,快进时液压缸差动连接。可见,泵的选择和功率利用方面都经济合理,系统效率高,发热小。

3）采用行程阀和液控顺序阀实现快进—工进切换,换速平稳,动作可靠,切换位置精度高。至于第一、二次工作进给运动的切换,因工作进给速度较低,采用电磁换向阀换速完全能保证换速平稳性和位置精度。

4）电液换向阀的换向时间可调,滑台换向平稳性好。

5）采用调速阀进油节流调速,快进—工进切换由行程阀和液控顺序阀实现,电气控制电路简单可靠。

3. 系统的调整

（1）滑台运动速度的调整

1）准备工作如下。

① 根据限压式变量泵 2 的说明书或有关资料,在坐标纸上绘出图 3-3 所示限压式变量泵（泵 2）的流量-压力特性曲线（ABC 曲线）。

② 根据机床工艺要求,初步确定快进和工进（第一、二次工作进给都可以）时泵 2 的压力（$p_快$、$p_工$）及流量（$q_{V快}$、$q_{V工}$）。

③ 根据已确定的 $p_快$ $q_{V快}$ 和 $p_工$ $q_{V工}$,在图 3-3 上作出 k 点和 g 点。再通过 k 点作 AB 的平行线 $A'B'$,通过 g 点作 BC 的平行线 $B'C'$。$A'B'$ 和 $B'C'$ 相交于 B' 点,曲线 $A'B'C'$ 即可供调整泵 2 时参考。

④ 准备秒表、指示表和钢直尺。

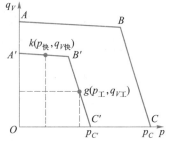

图 3-3 限压式变量泵的
流量-压力特性曲线

2）调整过程如下。

① 首先使压力计开关接通 P_1 测压点,让滑台处于死挡铁停留状态（为了便于调整,可将时间继电器的延时暂时调至最长）,调节泵 2 的压力调节螺钉,直到压力计读数为图 3-3 所示极限压力 $p_{C'}$ 再锁紧。

② 适当拧紧液控顺序阀 11 的调节手柄（保证液压缸能形成差动连接）,再按下启动按钮使滑台快速前进,同时用钢直尺和秒表测快进速度,并调节泵 2 的流量调节螺钉直至测得快进速度符合要求再锁紧。

③ 将调速阀 8 全开,背压阀 12 的调节手柄拧至最松,使滑台从原位开始运动,先观察快进时 P_1 测压点的最大压力,并判断是否低于泵 2 的调定压力 p'_s,若高于,应重新调高 $p_{C'}$。当

其挡块压下行程阀 6 后,逐渐关小调速阀 8,同时观察液控顺序阀 11 打开(可从回油情况或滑台速度突变判断)时 P_1 测压点的压力。液控顺序阀 11 打开时的压力比快进时最大压力高 0.5～0.8 MPa 即可,若差值不符合要求,则应根据差值微调液控顺序阀 11 直至符合要求,再锁紧液控顺序阀 11 的调节手柄。

④ 先将调速阀 8 关闭,使滑台处于第一次工作进给状态(无切削工进),再慢慢开大调速阀 8,同时用秒表和钢直尺(工作速度很低时用指示表)测速度。当速度符合第一次工作进给速度要求后,锁紧调速阀 8 的调节手柄,然后使滑台处于第二次工作进给状态(无切削工进),用同样方法调整第二次工作进给速度。

⑤ 使压力计开关接通 P_2 测压点,使滑台处于工作进给状态,调节背压阀 12 的调节手柄,使压力计读数为 0.3～0.5 MPa,再锁紧阀 12 的调节手柄。

⑥ 测几次有工件试切的实际工作循环各阶段的速度,若发现快进和快退速度高了,可微调泵 2 的流量调节螺钉直至符合要求再锁紧;若发现快进和快退速度不稳定,微量拧进泵 2 的压力调节螺钉,并重新调节泵 2 的流量调节螺钉直至符合要求再锁紧;若发现工进速度低了且不稳定,应微量拧进泵 2 的压力调节螺钉直至符合要求后再锁紧。

(2)滑台工作循环的调整

1)根据工艺要求调整死挡铁位置。

2)使压力计开关接通 P_3 测压点,将压力继电器 KP 的调节螺钉拧进 1 或 2 转,经压力计观察有工件切削工进时的最大压力和碰到死挡铁后压力继电器 KP 的动作压力;若动作压力比工进时的最大压力高 0.3～0.5 MPa,同时比泵 2 的极限压力低 0.3～0.5 MPa 即调整完毕;若差值不符合要求,应再微调压力继电器 KP 的调节螺钉和(或)泵 2 的压力调节螺钉直至符合要求为止。

3)对于图 3-2a 和图 3-2c 所示工作循环还应根据镗阶梯孔、锪端面等工艺要求调节时间继电器的延时时间。

4)根据运动行程要求调整挡块位置,根据工作循环调整控制方案。如图 3-2a 所示工作循环,取掉控制第一、二次工作进给切换的挡块(调速阀 9 始终被短接),调整控制原位停止和快进转工进的挡块位置即可实现;图 3-2b 所示工作循环,将时间继电器的延时时间调整为零,调整各挡块的位置即能实现;图 3-2d 所示工作循环,在图 3-2a 所示工作循环调整方案基础之上,改变控制快进转工进挡块工作表面的形状并将时间继电器延时时间调为零,再调整控制原位停止挡块的位置即能实现。

4. 系统常见故障及其排除方法

1HY40 型动力滑台液压系统的常见故障及其排除方法见表 3-2。

表 3-2　1HY40 型动力滑台液压系统的常见故障及其排除方法

故障现象	产生原因	排除方法
快进时系统压力过高	1）回路压力损失过大 2）导轨的镶条（或压板）过紧 3）导轨润滑不良 4）液压缸轴线与导轨面不平行 5）活塞（或活塞杆）密封装置的摩擦力过大 6）行程阀 6 未完全复位，阀口开度太小 7）电液换向阀 4 换向未到位，阀口开度太小	1）检查油路的通流面积并修复（或更换） 2）调整镶条（或压板） 3）改善润滑条件 4）调整液压缸轴线与导轨面的平行度 5）调整（或更换）密封装置 6）修理（或更换）行程阀 6 7）修理（或更换）电液换向阀 4
快进终了不能转工进	1）调速阀 8 调速性能不良 2）单向阀 7 密封性能差 3）行程阀 6 未压到位（或密封性太差）	1）修理（或更换）调速阀 8 2）修理（或更换）单向阀 7 3）调整挡块，修理（或更换）行程阀 6
无第二次工进	1）一工进转二工进的电气行程开关未压下，阀 10 未得到电信号，或电磁铁 3YA 吸力太小 2）阀 10 复位弹簧太硬 3）阀 10 的阀芯与阀孔磨损严重，导致配合间隙过大，泄漏量太大 4）行程阀 6 阀芯与阀孔磨损严重，单向阀 7 密封不良，造成严重泄漏 5）调速阀 9 有故障	1）调整挡块，修理（或更换）电气行程开关、电磁铁 3YA 2）更换弹簧 3）镗磨阀孔，单配阀芯 4）修理（或更换）单向阀 7 与行程阀 6 5）修理（或更换）调速阀 9
工进时有爬行现象	1）泵 2 的极限压力调得太低，未保证调速阀前后最小压力差 2）调速阀有故障 3）滑台导轨的镶条（或压板）过紧 4）导轨润滑不良 5）液压缸轴线与导轨不平行 6）液压系统内有大量空气，或出现空穴现象	1）适当调高泵 2 的极限压力 2）修理（或更换）调速阀 3）调整镶条（或压板） 4）调整润滑油量，或采用具有防爬性能的 L-HG 液压油，调整液压缸 GHZG 液压油 5）调整液压缸 6）排出空气，或消除空穴现象

3.2 液压机液压系统

一、概述

液压机是一种用静压来加工金属、塑料、橡胶、粉末制品的机械设备,是最早应用液压传动的机械之一。在液压机上可实现冲剪、弯曲、翻边、拉伸、装配、成形等多种加工工艺,液压机在许多工业部门得到广泛应用。对液压机液压系统的基本要求如下。

1)为完成一般的压制工艺,要求主缸(上液压缸)驱动上滑块,实现"快速下行→慢速接近工件、加压→保压延时→泄压→快速返回→原位停止"的工作循环;要求顶出缸(下液压缸)驱动下滑块,实现"顶出→停留→退回→原位停止"的工作循环(图3-4)。

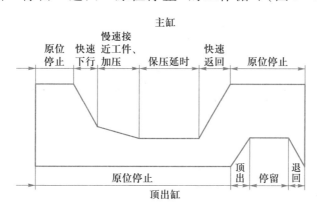

图3-4 液压机工作循环

2)系统压力要能经常变换和调整,并能产生较大的压制力(吨位)以满足工作要求。

3)系统流量大,功率大,空行程与加压行程的速度差异大,因此要求功率利用合理,工作平稳,安全可靠。

二、YA27-500型单动薄板冲压机液压系统

图3-5所示为YA27-500型单动薄板冲压机的插装式锥阀液压系统。该系统由高压变量泵供油,由插装式锥阀控制系统工作。

1. 工作原理

现以定压成形压制工艺为例,参照表3-3介绍液压机液压系统的工作原理。

按下液压泵启动按钮,高压变量泵1在卸荷状态下启动。

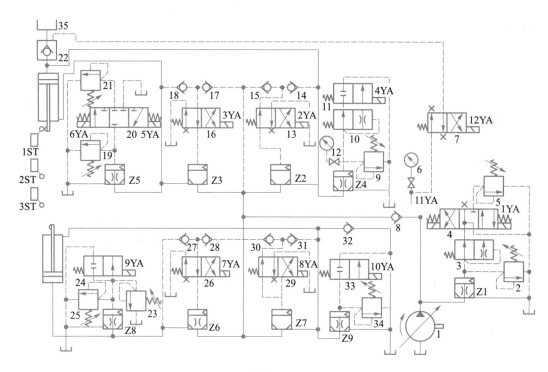

图 3-5　YA27-500 型单动薄板冲压机的插装式锥阀液压系统

表 3-3　电磁铁动作顺序

缸	动作	1YA	2YA	3YA	4YA	5YA	6YA	7YA	8YA	9YA	10YA	11YA	12YA
主缸	快速下行	−	+	−	−	+	−	−	−	−	−	+	−
	慢速接近工件、加压	−	+	−	−	−	+	−	−	−	−	+	−
	保压延时	−	−	−	−	−	−	−	−	−	−	−	−
	泄压	−	−	−	+	−	−	−	−	−	−	−	−
	快速返回	+	−	+	−	−	−	−	−	−	−	−	+
	原位停止	−	−	−	−	−	−	−	−	−	−	−	−
顶出缸	顶出、停留	+	−	−	−	−	−	+	−	−	+	−	−
	退回	−	−	−	−	−	−	−	+	+	−	−	−
	原位停止	−	−	−	−	−	−	−	−	−	−	−	−

1) 上滑块快速下行。按下启动按钮,电磁铁 11YA、2YA 和 5YA 通电。11YA 通电,换向阀 4 左位接入系统,泵 1 停止卸荷,同时溢流阀 5 接插装式锥阀 Z1 的控制油口而组成插装式溢流阀(可在 25 MPa 以下调整);2YA 通电,换向阀 13 右位接入系统,插装式锥阀 Z2 因控制油口通油箱而开启;5YA 通电,换向阀 20 右位接入系统,插装式锥阀 Z5 因控制油口通油箱而开启。这时上滑块在自重作用下快速下行,泵 1 的流量不足以补充主缸上腔空出的容积,因而上腔形成局部真空,置于主缸顶部的充液箱 35 内的油液在大气压及油位作用下,经液控单向

阀 22 进入主缸上腔。这时主缸油路为

进油路：液压泵 1→单向阀 8→插装式锥阀 Z2
充液箱 35→液控单向阀 22 } →主缸上腔。

回油路：主缸下腔→插装式锥阀 Z5→油箱。

上滑块快速下行速度可用加垫片的方法限制锥阀 Z5 的阀口开度来实现调节。

2）上滑块慢速接近工件、加压。快速行程终了,挡块压下电气行程开关 2ST 而发出电信号,使电磁铁 5YA 断电而 6YA 通电,换向阀 20 左位接入系统,溢流阀 21 接插装式锥阀 Z5 的控制油口而组成插装式背压阀,在主缸下腔建立一定背压(以平衡运动部件重量),相应主缸上腔压力升高,液控单向阀 22 关闭,上滑块慢速接近工件,其油路为

进油路：液压泵 1→单向阀 8→插装式锥阀 Z2→主缸上腔。

回油路：与快速下行相同。

这时上滑块以泵 1 流量所决定的慢速接近工件,当上滑块接触工件后,主缸上腔压力进一步升高,若压力达到插装式锥阀 Z1 的开启压力时。泵 1 输出油液除向主缸上腔供给外,还经插装式锥阀 Z1 溢流回油箱,而实现主缸上腔压力的调定,随着压制进行,主缸上腔压力升高,溢流量增大,上滑块将减速压制。系统中,溢流阀 2 接插装式锥阀 Z1 的控制油口而组成一个防止系统过载的插装式安全阀；溢流阀 9 接插装式锥阀 Z4 的控制油口而组成一个防止主缸上腔过载的插装式安全阀；溢流阀 19 接插装式锥阀 Z5 的控制油口而组成一个防止主缸下腔过载的插装式安全阀,一般情况下这几个安全阀的调定压力为 28 MPa 左右。

3）主缸保压延时。当主缸上腔压力达到带电接触点压力计 12 的调定压力(可在 25 MPa 以下调整)时,压力计 12 便发出电信号使时间继电器(图中未示出)开始工作,同时使全部电磁铁断电,即所有阀都处于图示状态,主缸上下腔由密封性能良好的插装式锥阀关闭而实现保压,保压时间由时间继电器控制。主缸保压前缓冲阀 3 因控制压力较高而处于右位工作状态,主缸保压时,换向阀 4 中位接入系统,插装式锥阀 Z1 控制腔的油液通过缓冲阀 3 的阻尼孔和换向阀 4 的中位流回油箱。由于阻尼孔的作用,插装式锥阀 Z1 的阀芯向上移动缓慢,泵 1 的压力徐徐下降,直至压力低于缓冲阀 3 的弹簧调定压力时,缓冲阀 3 的阀芯才被弹簧推回左位。于是插装式锥阀 Z1 才快速全开,泵 1 实现平缓卸荷。调节缓冲阀 3 的弹簧预压缩量便可改变泵 1 卸荷的速度和平稳性。

4）主缸泄压。带电接触点压力计 12 控制的时间继电器延时时间到,保压过程结束,时间继电器发出电信号(对于定程压制成型,则由电气行程开关 3ST 发出电信号)使另一时间继电器(图中未示出)开始工作。同时也使电磁铁 4YA 通电,换向阀 11 右位接入系统,插装式锥阀 Z4 控制腔油液通过缓冲阀 10 和换向阀 11 流回油箱,因缓冲阀 10 的作用可使锥阀 Z4 缓慢开启而实现主缸上腔的平缓泄压,相应控制了液压冲击。调节缓冲阀 10 的弹簧预压缩量便可改

变主缸泄压速度和平稳性。

5）上滑块快速返回。主缸泄压结束,时间继电器发出电信号使电磁铁 1YA、3YA 和 12YA 通电。1YA 通电,换向阀 4 右位接入系统,泵 1 停止卸荷;3YA 通电,换向阀 16 右位接入系统,插装式锥阀 Z3 因控制油口通油箱而开启;12YA 通电,换向阀 7 右位接入系统,液控单向阀 22 打开。这时上滑块快速返回,其油路为

进油路:液压泵 1→单向阀 8→插装式锥阀 Z3→主缸下腔。

回油路：主缸上腔┬→插装式锥阀 Z4→油箱。
　　　　　　　　└→液控单向阀 22→充液箱 35。

6）上滑块原位停止。当上滑块快速返回至预定位置时,挡块压下电气行程开关 1ST（或按下停止按钮）使全部电磁铁断电,主缸上下腔由密封性能良好的插装式锥阀关闭,泵 1 卸荷,上滑块停止运动。

7）下滑块顶出、停留。按下顶出按钮,电磁铁 1YA、7YA 和 10YA 通电。1YA 通电,换向阀 4 右位接入系统,泵 1 停止卸荷;7YA 通电,换向阀 26 右位接入系统,插装式锥阀 Z6 因控制油口通油箱而开启;10YA 通电,换向阀 33 右位接入系统,插装式锥阀 Z9 因控制油口通油箱而开启。这时下滑块顶出,其油路为

进油路:液压泵 1→单向阀 8→插装式锥阀 Z6→顶出缸下腔。

回油路:顶出缸上腔→插装式锥阀 Z9→油箱。

当下滑块向上移动至顶出缸活塞碰到上缸盖时,便停留在这个位置,系统中溢流阀 23、25 都通插装式锥阀 Z8 的控制油口,可分别组成插装式溢流阀和安全阀,以调整顶出压力和防止顶出缸下腔过载。

8）下滑块退回。按下退回按钮,电磁铁 7YA、10YA 断电而 8YA、9YA 通电。7YA 断电,插装式锥阀 Z6 关闭;8YA 通电,换向阀 29 右位接入系统,插装式锥阀 Z7 因控制油口通油箱而开启;9YA 通电,换向阀 24 右位接入系统,插装式锥阀 Z8 因控制油口通油箱而开启;10YA 断电,换向阀 33 左位接入系统,插装式锥阀 Z9 关闭。这时下滑块退回,其油路为

进油路:液压泵 1→单向阀 8→插装式锥阀 Z7→顶出缸上腔。

回油路:顶出缸下腔→插装式锥阀 Z8→油箱。

下滑块退回时,有溢流阀 34 接插装式锥阀 Z9 的控制油口而组成插装式安全阀进行保护,防止顶出缸上腔过载。

9）原位停止。当下滑块退回至原位,按下停止按钮使全部电磁铁断电时,顶出缸上下腔均被密封性能良好的插装式锥阀关闭,泵 1 卸荷,下滑块原位停止。

在进行薄板拉伸压边时,要求顶出缸下腔既保持一定压力,又能使下滑块随上滑块下降,这时应先将下滑块停止在顶出位置,然后随上滑块的下压而下降,顶出缸下腔的油液经由溢流

阀 23 和插装式锥阀 Z8 组成的背压阀流回油箱,从而建立起压边所需的压边力,顶出缸上腔可经单向阀 32 补油。

系统中单向阀 14、15、17、18、27、28、30 和 31 的作用是防止插装式锥阀 Z2、Z3、Z6 和 Z7 在反压作用下打开。

2. 系统的特点

1）液压泵、主缸上下腔和顶出缸上下腔都有插装式安全阀保护;主缸和顶出缸下腔可由插装式背压阀建立所需背压力,主缸压制力和顶出缸顶出力都可通过插装式溢流阀调定。

2）主缸泄压和液压泵卸荷都采用缓冲阀,以防止主缸换向和液压泵卸荷时产生液压冲击和噪声。

3）主缸利用管道、油液的弹性变形和密封性能良好的插装式锥阀实现保压,方法简单可靠。

4）为了提高系统效率,采用通油能力大、动作灵敏、动态特性好的插装式锥阀,在上滑块快速下行时充液箱能自动补油。

3.3 液压机械手液压系统

一、概述

机械手能进行工件的传递、转位和装卸,能操纵工具完成加工、装配、测量、切割、喷涂及焊接等作业,能在高温、高压、多粉尘、危险、易燃、易爆和放射性等恶劣环境中代替人工作业。图 3-6 所示为 JS-1 型液压机械手外观示意图。手臂回转由安装于底部的齿条液压缸（无杆活塞式液压缸）20 驱动,手臂上下用液压缸 27 驱动,手臂伸缩通过液压缸 28 实现,手腕回转用齿条液压缸 19 带动,手指松夹工件通过液压缸 18 实现。

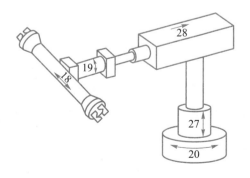

图 3-6　JS-1 型液压机械手外观示意图

二、JS-1 型液压机械手液压系统

图 3-7 所示为 JS-1 型液压机械手液压系统图。该系统的各电磁铁在电气控制系统的控制作用下,按一定程序通断电,从而控制 5 个液压缸按一定程序动作。

1. 工作原理

1) 手臂回转。电磁铁 5YA 通电,换向阀 11 左位接入系统,手臂在齿条液压缸 20 驱动下可快速回转,电磁铁 6YA、7YA 的通断电可控制手臂的回转方向,若 7YA 通电而 6YA 断电,电磁换向阀 9 右位接入系统,则手臂顺时针快速转动,其油路为

进油路:过滤器 1→液压泵 2→ 蓄能器 6 / 单向阀 4 →换向阀 11→换向阀 9→阀 21 的单向阀→液压缸 20 右腔。

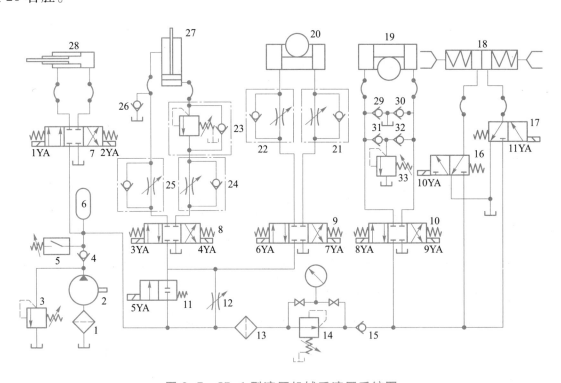

图 3-7   JS-1 型液压机械手液压系统图

回油路:液压缸 20 左腔→阀 22 的节流阀→换向阀 9→油箱。

若电磁铁 5YA、6YA 断电而 7YA 通电,则换向阀 11、9 右位接入系统,手臂顺时针慢速转动,其油路为

进油路:过滤器 1→液压泵 2→单向阀 4→节流阀 12→换向阀 9→阀 21 的单向阀→液压缸 20 右腔。

回油路:液压缸 20 左腔→阀 22 的节流阀→换向阀 9→油箱。

若电磁铁 5YA、6YA 通电而 7YA 断电,手臂可实现逆时针快速转动;若电磁铁 5YA、7YA 断电而 6YA 通电,手臂可实现逆时针慢速转动。

手臂快速转动速度由单向节流阀 21、22 调节,慢速转动速度由节流阀 12 调节。

2) 手臂上下。电磁铁 5YA 通电,换向阀 11 左位接入系统,手臂在液压缸 27 驱动下可快速上下运动、电磁铁 3YA、4YA 的通断电可控制手臂的上下运动方向,若 3YA 通电而 4YA 断电,电磁换向阀 8 左位接入系统,则手臂快速向下运动,其油路为

进油路:过滤器 1→液压泵 2 ┬→蓄能器 6 ┐→换向阀 11→换向阀 8→阀 25 的单向阀→液压缸 27 上腔。
　　　　　　　　　　　　└→单向阀 4 ┘

回油路:液压缸 27 下腔→阀 23 的顺序阀→阀 24 的节流阀→换向阀 8→油箱。

若电磁铁 5YA、4YA 断电,而 3YA 通电,则换向阀 11 右位、换向阀 8 左位接入系统,手臂慢速向下运动,其油路为

进油路:过滤器 1→液压泵 2→单向阀 4→节流阀 12→换向阀 8→阀 25 的单向阀→液压缸 27 上腔。

回油路:液压缸 27 下腔→阀 23 的顺序阀→阀 24 的节流阀→换向阀 8→油箱。

若电磁铁 5YA、4YA 通电而 3YA 断电,手臂可实现快速向上运动;若电磁铁 5YA、3YA 断电而 4YA 通电,手臂可实现慢速向上运动。

手臂快速运动速度由单向节流阀 24、25 调节,慢速运动速度由节流阀 12 调节。单向顺序阀 23 使液压缸下腔保持一定背压,以便与重力负载相平衡,而避免手臂在下行中因自重而超速下滑;单向阀 26 在手臂快速向下运动时,可起到补充油液的作用。

3) 手臂伸缩。电磁铁 2YA 通电而 1YA 断电,换向阀 7 右位接入系统,手臂在液压缸 28 驱动下可快速伸出,其油路为

进油路:过滤器 1→液压泵 2 ┬→蓄能器 6 ┐→换向阀 7→液压缸 28 右腔。
　　　　　　　　　　　　└→单向阀 4 ┘

回油路:液压缸 28 左腔→换向阀 7→油箱。

电磁铁 1YA 通电而 2YA 断电,换向阀 7 左位接入系统,手臂在液压缸 28 驱动下可快速缩回。

4) 手腕回转。电磁铁 8YA 通电而 9YA 断电,换向阀 10 左位接入系统,手腕在齿条液压缸 19 驱动下顺时针快速回转,其油路为

进油路:过滤器 1→液压泵 2 ┬→蓄能器 6 ┐→精过滤器 13→减压阀 14→单向阀 15→换
　　　　　　　　　　　　└→单向阀 4 ┘

向阀 10→液压缸 19 左腔。

回油路:液压缸 19 右腔—换向阀 10—油箱。

9YA 通电而 8YA 断电,换向阀 10 右位接入系统,手腕在齿条液压缸 19 驱动下逆时针快速回转。

单向阀 29、30 在手腕快速回转时,可起到补充油液的作用;溢流阀 33 对手腕回转油路起安全保护作用。

5)手指松夹。电磁铁 10YA、11YA 未通电时,手指在弹簧力的作用下处于夹紧工件状态;若 10YA 通电,换向阀 16 左位接入系统,左手指松开,其油路为

进油路:过滤器 1→液压泵 2 ⎡→蓄能器 6⎤→精过滤器 13→减压阀 14→单向阀 15→换 ⎣→单向阀 4⎦

向阀 16→液压缸 18 左腔。

回油路:液压缸 18 右腔→换向阀 17→油箱。

电磁铁 11YA 通电,换向阀 17 右位接入系统,右手指松开。

2. 系统的特点

1)蓄能器 6 可与液压泵 2 共同向各液压缸供油,而起到增速作用。此外,蓄能器 6 还能吸收液压冲击能量,使系统工作稳定可靠。

2)减压阀 14 保证了手腕、手指油路有较系统低的稳定压力,使手腕、手指的动作更灵活、可靠。

3)单向阀 15 可保证手腕、手指的运动不会因手臂快速运动而失控。

4)电磁换向阀、压力继电器容易与电气控制系统结合,使液压缸的动作程序调整控制方便。

3.4　*液压伺服系统

液压伺服系统是一种采用液压伺服机构、根据液压传动原理建立起来的自动控制系统。在这种系统中,执行元件的运动随着控制机构的信号改变,因而伺服系统又称为随动系统。由于它具有结构紧凑、质量小、输出功率大、刚性好、响应快、精度高等特点,因而在工业上获得了广泛的应用。

一、液压伺服系统的工作原理

图 3-8 所示为液压位置伺服系统的原理图。它是具有机械反馈的节流型阀控缸伺服系统。它的输入量（输入位移）为伺服滑阀阀芯 3 的位移 x_i，输出量（输出位移）为液压缸的位移 x_o，阀口 a、b 的开口量为 x_v。图中液压泵 2 和溢流阀 1 构成恒压油源。滑阀的阀体 4 与液压缸固连成一体，组成液压伺服拖动装置。

当伺服滑阀处于中间位置（$x_v = 0$）时，各阀口均关闭，阀没有流量输出，液压缸不动，系统处于静止状态。给伺服滑阀阀芯一个输入位移 x_i，阀口 a、b便有一个相应的开口量 x_v，使液压油经阀口 b 进入液压缸的右腔，其左腔油液经阀口 a 回油箱，液压缸在油液压力的作用下右移 x_o，由于滑阀阀体与液

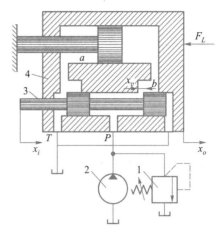

图 3-8　液压位置伺服系统原理图
1—溢流阀；2—泵；3—阀芯；4—阀体（缸体）

压缸体固连在一起，因而阀体也右移 x_o，则阀口 a、b 的开口量减少（$x_v = x_i - x_o$），直到 $x_o = x_i$ 时，$x_v = 0$，阀口关闭，液压缸停止运动，从而完成液压缸输出位移对伺服滑阀输入位移的跟随运动。若伺服滑阀反向运动，液压缸也做反向跟随运动。由此可见，只要给伺服滑阀以某一规律的输入信号，则执行元件就自动地、准确地跟随滑阀按照这个规律运动。这就是液压伺服系统的工作原理。

二、液压伺服系统实例

1. 车床液压仿形刀架

车床液压仿形刀架是由位置控制机构——液压伺服系统驱动，按照样件（靠模）的轮廓形状，对工件进行仿形车削加工的装置。用这种仿形刀架对工件进行加工时，只要先用普通方法加工一个样件，然后用这个样件就可以复制出一批零件来。它不但可以保证加工的质量，生产率高，而且调整简单、操作方便，因此在批量车削加工中（尤其是对特形面的加工）被广泛地采用。

图 3-9 所示为车床液压仿形刀架示意图。

车削圆柱面时，溜板 5 沿床身导轨 4 纵向移动。杠杆 8 的触销 11 在靠模上方 ab 段内水平滑动，伺服阀阀口不打开，没有油液进入液压缸，整个仿形刀架只是跟随拖板一起纵向移动，车刀在工件 1 上车削出 AB 段圆柱面。

车削圆锥面时,溜板仍沿床身导轨 4 纵向移动,触销沿靠模 bc 段滑动,杠杆 8 向上方偏摆,从而带动阀芯 10 上移,打开阀口,液压油进入液压缸上腔,缸下腔油流回油箱,液压力推动缸体 6 连同阀体 7 和刀架 3 一起沿液压缸中心线方向向上运动。此两运动的合成就使刀具在工件上车出 BC 段圆锥面。

其他曲面形状或凸肩也都是在这样的合成运动下,由刀具在工件上仿形加工出来的,如图 3-10 所示。图中 v_1、v_2 和 v 分别表示溜板带动刀架的纵向运动速度、刀具沿液压缸轴向的运动速度和刀具的实际合成速度。

仿形加工结束时,通过电磁阀(图中未画出)使杠杆抬至最上方位置,这时伺服阀阀芯上移,液压油进入液压缸上腔,其下腔的油液通过伺服阀流回油箱,仿形刀架快速退回原位。

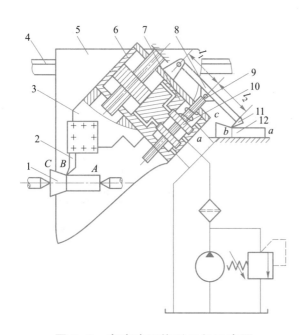

图 3-9　车床液压仿形刀架示意图

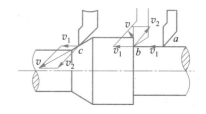

图 3-10　进给运动合成示意图

1—工件;2—车刀;3—刀架;4—床身导轨;5—溜板;6—缸体;
7—阀体;8—杠杆;9—杆;10—伺服阀芯;11—触销;12—靠模

2. 汽车转向液压助力器

大型载重卡车广泛采用液压助力器,以减轻驾驶员的体力劳动。这种液压助力器也是一种位置控制的液压伺服机构。图 3-11 所示是转向液压助力器的原理图,它主要由液压缸和控制滑阀两部分组成。液压缸活塞 1 的右端通过铰销固定在汽车底盘上,液压缸缸体 2 和控制滑阀阀体连在一起形成负反馈,由转向盘 5 通过摆杆 4 控制滑阀阀芯 3 的移动。当缸体 2 前后移动时,通过转向连杆机构 6 等控制车轮偏转,从而操纵汽车转向。当阀芯 3 处于图示位置时,各阀口均关闭,缸体 2 固定不动,汽车保持直线运动。由于控制滑阀采用负开口的形式,则可以防止引起不必要的扰动。当旋转转向盘,假设使阀芯 3 向右移动时,液压缸中压力 p_1 减小,p_2 增大,缸体也向右移动,带动转向连杆 6 向逆时针方向摆动,使车轮向左偏转,实现左转弯;反之,缸体若向左移就可实现右转弯。

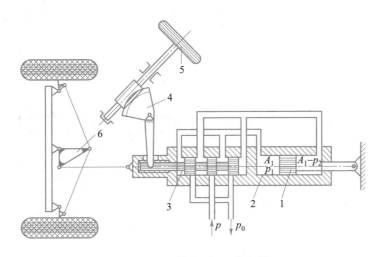

图 3-11　转向液压助力器

1—活塞;2—缸体;3—阀芯;4—摆杆;5—转向盘;6—转向连杆机构

　　实际操作时,转向盘的旋转方向和汽车转弯的方向是对应的。为使驾驶员在操纵转向盘时能感觉到转向的阻力,可以在控制滑阀端部增加两个油腔,分别与液压缸前后腔相通(图 3-11),这时移动控制阀阀芯时所需的力就和液压缸的两腔压力差($\Delta p = p_1 - p_2$)成正比,因而具有真实感。

基本技能训练　认识与拆装 Y 型先导式溢流阀

　　液压控制阀的结构主要分为三个部分:阀体、阀芯,以及采用机、电、液等不同控制方式的机构。通过对常见液压控制阀的拆装实训,可加深对液压控制阀的结构及工作原理的了解,并能够对液压控制阀的加工和装配工艺有初步的认识。液压控制阀的种类繁多,可分为方向阀、压力阀和流量阀三大类,本实训以最常用的 Y 型先导式溢流阀为例进行拆装。

一、实训目的

　　1)了解阀 Y 型先导式溢流阀的内部结构和工作原理。

　　2)正确识读 Y 型先导式溢流阀的铭牌,了解溢流阀的型号与性能参数。

二、任务描述

如图 3-12 所示,认识 Y 型先导式溢流阀实物,正确识读 Y 型先导式溢流阀的铭牌,理解其性能参数;拆装 Y 型先导式溢流阀,分析其结构特点,并掌握其正确的操作要领和注意事项。

(a) 实物图　　　　　　　　(b) 铭牌

图 3-12　Y 型先导式溢流阀

三、主要实训器材

先导式溢流阀(型号:YF-B20H4)、内六角扳手、活扳手、螺丝刀等常用气动与液压系统拆装工具。

四、要求与步骤

1. 识读铭牌

如图 3-12b 所示,Y 型先导式溢流阀铭牌上的主要参数的含义如下。

1) YF 为溢流阀代号。

2) B 表示先导式溢流阀的安装连接形式。其中,B 表示板式连接,L 表示螺纹连接,F 表示法兰连接。

3) 20 表示公称通径为 20 mm。

4) H 表示铭牌上所示的公称压力为 31.5 MPa。

5) 4 表示压力调节范围。其中,1 表示 0.6~8 MPa;2 表示 4~16 MPa;3 表示 8~20 MPa;4 表示 16~31.5 MPa。

6) 100 L/min 表示先导式溢流阀的公称流量。

2. 拆装要求

1）分析 Y 型先导式溢流的结构（图 3-13），制订拆卸工艺过程。

2）选用合适规格的拆装工具，避免将螺栓头部结构损坏。

3）按顺序拆卸零件，并按拆下零件的顺序摆放好，防止细小零件丢失。

4）拆卸的零件要保持洁净，避免磕碰损伤，否则会使溢流阀阀芯卡阻，导致工作失灵。

5）记录先导式溢流阀组成零件的拆卸顺序和方向。装配时，应按拆卸的相反顺序进行装配。

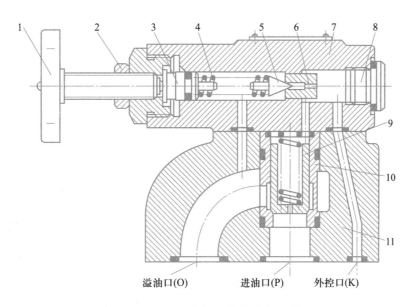

图 3-13　Y 型先导式溢流阀结构

1—调节手轮；2—锁紧螺母；3—弹簧座；4—先导阀调压弹簧；5—先导阀阀芯；6—先导阀阀座；
7—先导阀阀体；8—螺塞；9—主阀阀芯；10—阀套；11—主阀阀体

3. 拆装操作步骤

1）首先将连接先导阀阀体 7 与主阀阀体 11 之间的 4 个内六角螺栓松开并取出，使先导阀与主阀分开。

2）取出主阀上的 O 形密封圈，取出主阀上的弹簧。

3）取出主阀阀芯 9 和与之相配的阀套 10，以及对应的密封圈。

4）松开先导阀上的锁紧螺母 2，然后旋下调节手轮 1，松开主螺母并取出弹簧座 3、先导阀调压弹簧 4 及先导阀阀芯 5。

5）松开先导阀阀体右端的螺塞 8，取出密封圈和先导阀阀座 6。

4. 结构特点观察

1）观察先导阀阀体与主阀阀体的结构，特别是阀体内的油口。

2）观察主阀阀芯、先导阀阀芯和先导阀阀座的结构形式。

3）观察阀上的两个弹簧的安装位置和结构特点。

4）观察阀采用的密封结构形式。

五、安全注意事项

1）拆卸环境要求保持清洁。拆卸时,要慢慢松动螺栓,不能用力过猛。

2）装配密封圈时,注意保持密封圈清洁,防止异物进入。为了方便安装,可在主阀阀芯和阀孔等部位涂上少许液压油。安装时,要防止沟槽的棱角处碰伤密封圈。

六、总结与思考

1）先导式溢流阀的拆装要严格按步骤和规定进行,因为只有规范的操作才能保证拆装的质量。

2）先导式溢流阀回油管应直接接油箱,不可与其他阀的回油管连接。调整调节手轮时,升压须顺时针方向调整,降压则相反,调压后务必旋紧锁紧螺母。

3）有两个压力阀由于铭牌脱落无法区分,如何分清楚哪个是减压阀,哪个是溢流阀?

4）先导阀和主阀分别由哪几个主要零件组成?

5）先导式溢流阀远程控制口的作用是什么?是如何实现远程调压和卸荷的?

思考题与习题

3-1　图 3-1 所示的 1HY40 型动力滑台快进和工进速度不稳定(各元件都未失效),试分析产生故障的原因,并提出排除故障的方法(提示:从系统调整角度考虑)。

3-2　图 3-5 所示 YA27-500 型单动薄板冲压机液压系统中有多少插装式安全阀、背压阀和溢流阀?各在什么时候起作用?

3-3　试分析图 3-7 所示 JS-1 型液压机械手手臂上升的油路。

3-4　图 3-14 所示液压系统,试按其动作循环表(表 3-4)进行阅读,并将该表填写完整(提示:注意各动作间的关系,差动快进的形成,Ⅰ、Ⅱ两缸快进与工进的互不干扰等问题)。

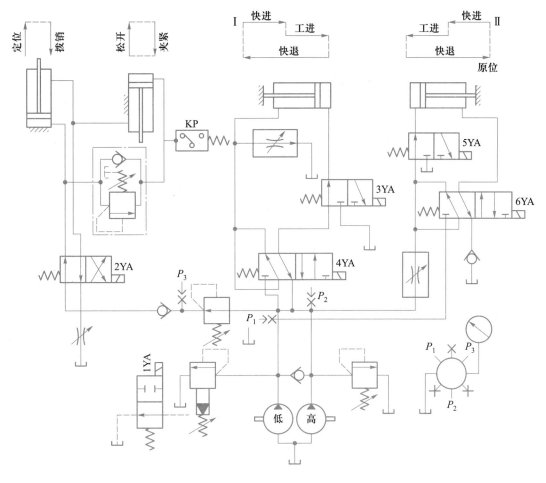

图 3-14 题图一

表 3-4 动作循环表

动作	1YA	2YA	3YA	4YA	5YA	6YA	KP	备注
定位夹紧								
快进								1）Ⅰ、Ⅱ两个回路各自进行独立循环动作,互不约束
工进、卸荷(低)								2）4YA、6YA 任一通电时,1YA 便通电;4YA、6YA 均断电,1YA 才断电
快退								
松开拨销								
原位卸荷(低)								

3-5 图 3-15 所示双缸液压系统,如按规定的顺序接收电信号,试列表说明各液压阀和两液压缸在各阶段的工作状态(提示:各阶段有足够的动作时间,忽略电磁换向阀和液动换向阀的换向时间)。

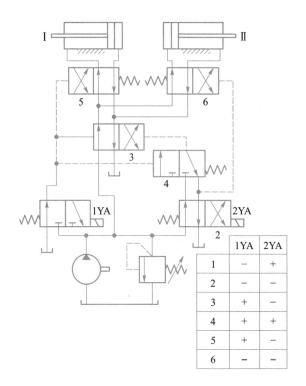

	1YA	2YA
1	−	+
2	−	−
3	+	−
4	+	+
5	+	−
6	−	−

图 3−15   题图二

3−6   试分析图 3−16 所示多缸顺序专用铣床液压系统是如何实现其工作循环的。

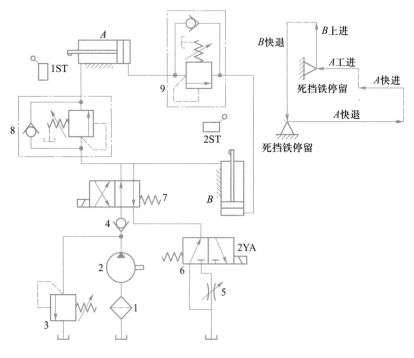

图 3−16   题图三

3−7   图 3−17 所示为实现"快进→Ⅰ工进→Ⅱ工进→快退→停止"工作循环的液压系统。试填写电磁铁动作顺序表(表 3−5)。

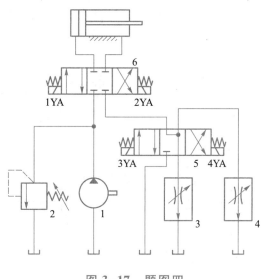

图 3-17　题图四

表 3-5　电磁铁动作顺序表

动作	1YA	2YA	3YA	4YA
快进				
Ⅰ工进				
Ⅱ工进				
快退				
停止				

*3-8　在液压仿形刀架上,若将控制阀和液压缸分成两部分,仿形刀架能工作吗? 为什么?

*3-9　为什么仿形刀架液压缸与主轴轴线安装时有一定的倾角?

单元4
气压传动系统的基本组成

气压传动系统一般由气源装置及气动辅助元件、气动执行机构、气动控制元件和工作介质组成。气压传动系统的工作介质是压缩空气,在进入气压传动系统时,压缩空气必须保持清洁和干燥。

4.1　气源装置及气动辅助元件

一、气源装置

自由空气经过空气压缩机压缩后,还要经过冷却、干燥、净化等处理才能使用。气源装置是用来产生具有足够压力和流量的压缩空气并将其净化、处理及储存的一套装置。

图4-1所示为常见的气源装置。

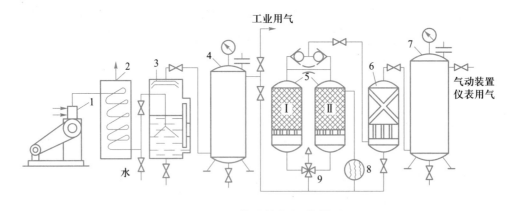

图4-1　常见的气源装置

1—空气压缩机;2—后冷却器;3—油水分离器;4、7—储气罐;5—干燥器;6—过滤器;8—加热器;9—四通阀

空气首先经过滤器滤除部分灰尘、杂质,之后进入空气压缩机1,压缩机输出的空气进入后冷却器2进行冷却,然后进入油水分离器3,使部分油、水和杂质从气体中分离出来,得到初步净化的压缩空气送入储气罐4中,即可供给对气源要求不高的一般气动装置使用(一般称为

一次净化)。但对仪表用气和质量要求高的工业用气,则进行必须二次和多次净化处理。将经过一次净化的压缩空气送进干燥器 5 进一步除去气体中的水分和油。在净化系统中干燥器 Ⅰ 和Ⅱ交换使用,其中闲置的一个利用加热器 8 吹入的热空气进行再生。四通阀 9 用于转换两个干燥器的工作状态,过滤器 6 的作用是进一步过滤压缩空气中的杂质和油。经过处理的气体进入储气罐 7 以便供给气动设备和仪表使用。下面分别介绍气源装置和气源辅助装置。

1. 空气压缩机

空气压缩机是将机械能转变为气体压力能的装置,是气动系统的动力源。空气压缩机的种类很多,一般有活塞式、膜片式、叶片式、螺杆式等类型,其中气动系统最常用的机型为活塞式压缩机。图 4-2 所示为其工作原理。

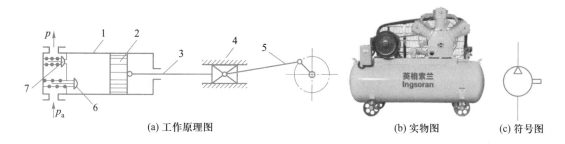

图 4-2　活塞式压缩机工作原理

1—缸体;2—活塞;3—活塞杆;4—滑块;5—曲柄连杆机构;6—吸气阀;7—排气阀

(a) 工作原理图　　(b) 实物图　　(c) 符号图

当活塞 2 向右运动时,由于左腔容积增加,压力下降,而当压力低于大气压力时,吸气阀 6 被打开,气体进入气缸 1 内,此为吸气过程。当活塞向左运动时,吸气阀 6 关闭,缸内气体被压缩,压力升高,此过程即为压缩过程。当缸内气体压力高于排气管道内的压力时,顶开排气阀 7,压缩空气被排入排气管道内,此过程为排气过程。至此完成一个工作循环,电动机带动曲柄作回转运动,通过连杆、滑块、活塞杆、推动活塞作往复运动,空气压缩机就连续输出高压气体。

在选择空气压缩机时,其额定压力应等于或略高于所需的工作压力,其流量应等于系统设备最大耗气量并考虑管路泄漏等因素。

2. 后冷却器

后冷却器安装在空气压缩机出口管道上,将压缩机排出的压缩气体温度由 140~170 ℃ 降至 40~50 ℃,使其中水气、油雾汽凝结成水滴和油滴,便于经油水分离器排出。后冷却器一般采用水冷换热装置,其结构形式有列管式、散热片式、套管式、蛇管式和板式等。图 4-3 所示为常用的蛇管式后冷却器及其图形符号。热压缩空气在浸没于冷水中的蛇形管内流动,冷却水在水套中流动,经管壁进行热交换,使压缩空气得到冷却。

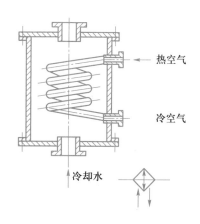

热空气

冷空气

冷却水

图 4-3　蛇管式后冷却器及其图形符号

3. 油水分离器

油水分离器又名除油器,用于分离压缩空气中凝聚的水分和油分等杂质。使压缩空气得到初步净化。其工作原理是:当压缩空气进入油水分离器后产生流向和速度的急剧变化,再依靠惯性作用,将密度比压缩空气大的油滴和水滴分离出来。

图 4-4 所示为油水分离器及其图形符号。

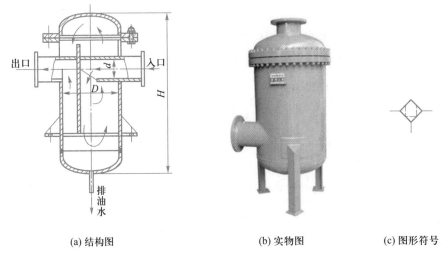

| (a) 结构图 | (b) 实物图 | (c) 图形符号 |

图 4-4　油水分离器及其图形符号

4. 储气罐

储气罐主要用来调节气流,减少输出气流的压力脉动,使输出气流具有流量连续性和气压稳定性,并且储存一定量的压缩空气。

储气罐一般采用圆筒状焊接结构,有立式和卧式两种。图 4-5 所示为立式储气罐及其图形符号。储气罐、油水分离器、后冷却器均属压力容器,在使用之前,应按技术要求进行测压试验。目前,在气压传动中,常采用后冷却器、油水分离器和储气罐三者一体的结构形式。

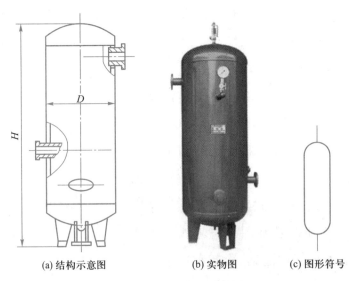

| (a) 结构示意图 | (b) 实物图 | (c) 图形符号 |

图 4-5　立式储气罐及其图形符号

5. 干燥器

干燥器的作用是满足精密气动装置用气,把初步净化的压缩空气进一步净化以吸收和排除其中的水分、油分及杂质,使湿空气变成干空气。

图4-6所示为吸附式干燥器。湿空气从管1进入干燥器,通过吸附剂层5、过滤网6、上栅板7和下部吸附剂层8后,其中的水分被吸附剂吸收而变得干燥。然后,再经过铜丝网9,下栅板10和过滤网11,干燥、洁净的压缩空气便从管12排出。

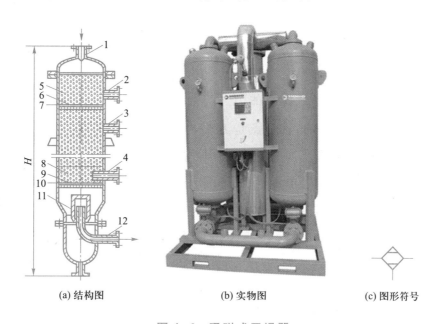

(a) 结构图   (b) 实物图   (c) 图形符号

图4-6 吸附式干燥器

1、2、3、4、12—管;5—吸附剂层;6—过滤网;7—上栅板;8—下部吸附剂层;9—铜丝网;10—下栅板;11—过滤网

6. 空气过滤器

空气过滤器又名分水滤气器或空气滤清器,它的作用是滤除压缩空气中的水分、油滴及杂质,以达到气动系统所要求的净化程度。它属于二次过滤器,大多与减压阀,油雾器一起构成气源调节装置(气动三联件),安装在气动系统的入口处。

图4-7所示为普通空气过滤器(二次过滤器)及其图形符号。其工作原理是:压缩空气从输入口进入后,被引入旋风叶子1,旋风叶子上有许多成一定角度的缺口,迫使空气沿切线方向产生强烈旋转。这样,夹杂在空气中的较大水滴、油滴和灰尘便依靠自身的惯性与存水杯3的内壁碰撞,并从空气中分离出来沉到杯底。而微粒灰尘和雾状水气则由滤芯2滤除。为防

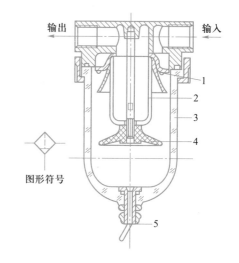

图4-7 普通空气过滤器及其图形符号

1—旋风叶子;2—滤芯;3—存水杯;

4—挡水板;5—手动排水阀

止气体旋转将存水杯中积存的污水卷起,在滤芯下部设挡水板 4。为保证其正常工作,必须及时将存水杯 3 中的污水通过手动排水阀 5 放掉。

二、气动辅助元件

气源装置除了压缩空气净化装置外,还有一些辅助元件,下面介绍几种常用的气动辅助元件。

1. 油雾器

油雾器是一种特殊的注油装置,它以压缩空气为动力,将润滑油喷射成雾状并混合于压缩空气中,使压缩空气具有润滑气动元件的能力。目前气动控制阀、气缸和气马达主要是靠这种带有油雾的压缩空气来实现润滑的,其优点是方便、干净、润滑质量高。

图 4-8 所示为普通型油雾器及其图形符号,压缩空气由输入口 1 进入,一小部分由小孔 2 进入单向阀 10 的阀座内腔。此时,单向阀 10 的钢球在压缩空气和弹簧作用下处于中间位置 (图4-9b),因此气体经单向阀 10 进入储油杯 5 的上腔 A,油面受压油液经吸油管 11 上升,顶开单向阀 6。因钢球上部的管口有一边长小于钢球直径的四方孔,所以钢球不能封死上部管口,油液能不断经可调节流阀 7 流入视油器 8 内,再滴入喷嘴小孔 3 中,被主管边中的气流引射出来,雾化后随气流从输出口 4 输出,送入气动系统。

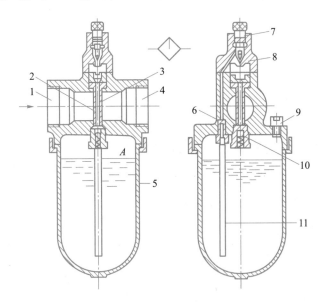

图 4-8　普通型油雾器及其图形符号

1—输入口;2—小孔;3—喷嘴小孔;4—输出口;5—储油杯;6—单向阀;
7—可调节流阀;8—视油器;9—油塞;10—单向阀;11—吸油管

普通型油雾器可以在不停气状态加油,拧松油塞 9 后,储油杯上腔 A 与大气相通,单向阀 10 的钢球被压缩空气压在阀座上,基本上切断了压缩空气进入 A 腔的通路(图 4-9c)。由于单向阀 6 的作用,压缩空气也不会从吸油管倒灌入储油杯中,所以可在不停气的情况下从油塞口往杯内加油。但上述过程必须在气源压力大于一定数值时才能实现,否则特殊单向阀关闭不严而使压缩空气进入杯内,将油液从油塞口中喷出,油雾器最低不停气加油压

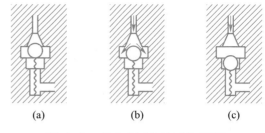

图 4-9　单向阀 10 的工作情况

力为 0.1 MPa。加油后,拧紧油塞,由于单向阀 10 有少许泄漏,储油杯 A 腔气压逐渐升高,直至把单向阀 10 打开(图 4-9b),油雾器又重新工作。

油雾器的选择主要根据气动系统所需额定流量和油雾粒度大小来确定油雾器的形式和通径,所需油雾粒度在 50 μm 左右选用普通型油雾器。油雾器在使用中一定要垂直安装,它可以单独使用,也可以与空气过滤器、减压阀一起构成气源调节装置,使之具有过滤、减压和油雾的功能。联合使用时,其顺序应为:空气过滤器→减压阀→油雾器,不能颠倒。安装中气源调节装置尽量靠近气动设备,距离不应大于 5 m。油雾器供油一般以 10 m³ 自由空气供给 1 mL 的油量为标准,在使用中可根据实际情况进行修正。

2. 其他辅件

（1）消声器

消声器的作用是排除压缩气体高速通过气动元件排到大气时产生的刺耳噪声污染。气动系统中的消声器主要有吸收型、膨胀干涉型、膨胀干涉吸收型。图 4-10 所示为膨胀干涉吸收型消声器。

在气动元件上使用的消声器,可按气动元件排气口的通径选择相应的型号,但应注意消声器的排气阻力不宜过大,应以不影响控制阀的切换速度为宜。

（2）转换器

转换器是将电、液、气信号相互间转换的辅件,用来控制气动系统工作。气动系统中的转换器主要有气—电转换器、电—气转换器、气—液转换器等。图 4-11 所示为气-液直接接触式转换器。

当压缩空气由上部输入管输入后,经过管道末端的缓冲装置使压缩空气作用在液压油面上,因而液压油即以压缩空气相同的压力,由转换器主体下部的排油孔输出到液压缸,使其动作。气—液转换器的储油量应不小于液压缸最大有效容积的 1.5 倍。

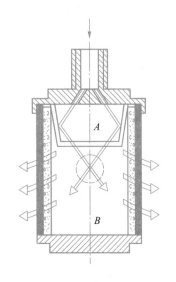

图 4-10　膨胀干涉吸收型消声器

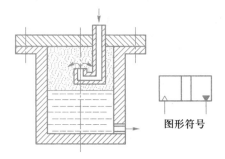

图 4-11　气—液直接接触式转换器

图形符号

4.2　气动执行元件

一、气缸

气缸是气压传动系统中主要的执行元件之一。它是将压缩空气的压力能转换为机械能并驱动工作机构做往复运动或摆动的装置。与液压缸相比,气缸具有结构简单,制造容易,工作压力低和动作迅速等优点。因此,气缸应用十分广泛。

1. 气缸的分类

气缸种类很多,结构各异、分类方法也多,常用的分类方法有以下几种。

1) 按压缩空气作用在活塞端面上的方向,可分为单作用气缸和双作用气缸。

2) 按气缸的功能可分为普通气缸和特殊气缸。普通气缸一般指活塞式的单作用气缸和双作用气缸。特殊气缸包括薄膜式气缸、冲击式气缸、气液阻尼缸、增压气缸、回转气缸、步进气缸、双轴气缸、带导杆式气缸等。

3) 按气缸的结构特点可分为叶片式气缸、活塞式气缸、薄膜式气缸、气液阻尼缸等。

4) 按安装方式可分为耳座式、法兰式、轴销式和凸缘式。

2. 气缸的结构原理和用途

大多数气缸的工作原理与液压缸相同,以下介绍几种常用气缸。

（1）单作用活塞式气缸

图 4-12 所示为弹簧复位式单作用活塞式气缸,压缩空气由端盖上的 P 口进入无杆腔内,推动活塞向右运动,右腔内的弹簧被压缩,活塞退回是在复位弹簧的作用下实现的。气缸右腔上的排气孔 O 口始终与大气相通,这种气缸广泛应用于夹紧装置中,如气动虎钳、气动夹具。

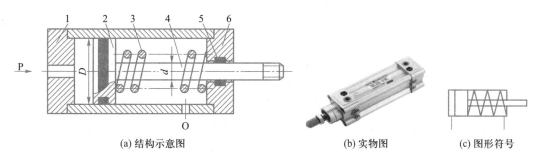

(a) 结构示意图　　　　(b) 实物图　　　　(c) 图形符号

图 4-12　弹簧复位单作用活塞式气缸

1、6—端盖;2—活塞;3—弹簧;4—活塞杆;5—密封圈

（2）双作用活塞式气缸

图 4-13 所示为单杆双作用活塞式气缸。当右端无杆腔进气时,左端有杆腔排气,活塞杆伸出;当左端有杆腔进气时,右端无杆腔排气,活塞杆退回。这种气缸活塞右端面积比左端面积大,因此,当压缩空气作用在右腔时,提供慢速的和作用力大的工作行程;当返回行程时,由于活塞左端的面积较小,所以速度较快而作用力变小。此类气缸广泛应用于食品机械、包装机械和加工机械等设备上。

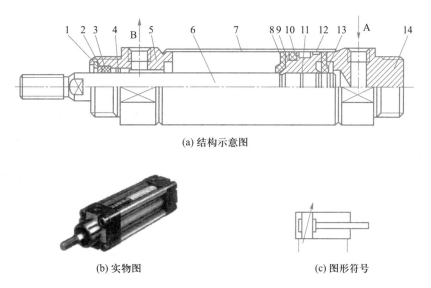

(a) 结构示意图

(b) 实物图　　　　　　(c) 图形符号

图 4-13　单杆双作用活塞式气缸

1—弹簧挡圈;2—防尘压板;3—防尘圈;4—导向套;5、14—端盖;6—活塞杆;

7—缸筒;8、13—缓冲垫;9—活塞;10、11—密封圈;12—耐磨环

（3）薄膜式气缸

薄膜式气缸是利用膜片在压缩空气作用下产生变形来推动活塞杆做往复直线运动的气

缸,如图 4-14 所示。它主要由缸体、膜片、膜盘和活塞杆等零件组成,它分单作用式(图 4-14a)和双作用式(图 4-14b)两种。基膜有盘形膜片和平膜片两种,膜片材料为夹织物橡胶、钢片或磷青铜片。薄膜式气缸与活塞式气缸相比,因膜片的变形量有限,故其行程较短,一般不超过 50 mm,其最大行程是缸径的 25%。

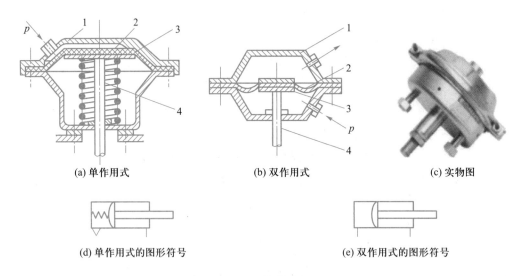

(a) 单作用式　　　　(b) 双作用式　　　　(c) 实物图

(d) 单作用式的图形符号　　　　(e) 双作用式的图形符号

图 4-14　薄膜式气缸
1—气缸体;2—膜片;3—膜盘;4—活塞杆

这种气缸的特点是结构紧凑、简单、制造容易、成本低、维修方便、密封性好、寿命长,适用于气压传动夹具、短行程设备和化工产品的生产设备中。

(4) 气液阻尼缸

图 4-15 所示为气液阻尼缸。它将气缸和液压缸合二为一,并组成一个缸体,两个活塞均固定在同一活塞杆上。当气缸右腔进气活塞杆克服负载并带动液压缸内的活塞一起向左运动时,液压缸左腔中的油液经节流阀 5 缓慢流向液压缸右腔,对整个活塞杆的运动起到了阻尼作用。通过调节节流阀,可以达到调节活塞运动速度的目的。当压缩空气从气缸左腔进入时,液压缸右腔排油,此时单向阀 3 开启,油液快速流回液压缸左腔,活塞杆可快速缩回。油箱 4 中的油液可以用来补充液压缸中因泄漏而减少的液压油。

这种气液阻尼缸运动平稳、噪声小、停位准确;与液压缸相比,不需要液压源,经济性好。但是它的缸体采用两缸串联,缸体较长,加工与装配的工艺要求较高,且两缸之间可能还会产生油气互串现象。而图 4-15b 所示的并联式气液阻尼缸,其缸体较短,两缸直径可以不同,且克服了油气互串现象。

(5) 冲击气缸

冲击气缸是把压缩空气的能量转化为活塞杆的高速运动的一种较新型的气动执行元件。活塞的最大速度可以达到 10 m/s,甚至更高,其冲击能比普通气缸大 100 多倍,如图 4-16 所示。冲击气缸常用在冲压、锻造、铆接、破碎、高速切割等多种设备上。

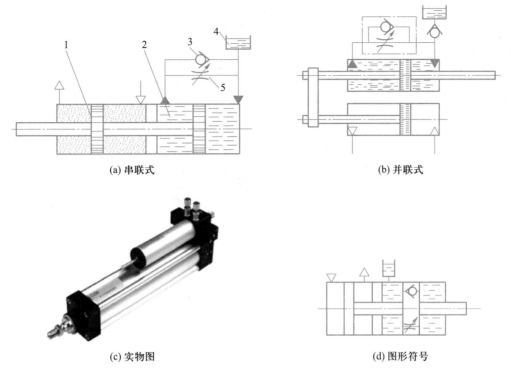

(a) 串联式　　　　　(b) 并联式

(c) 实物图　　　　　(d) 图形符号

图 4-15　气液阻尼缸

1—气缸；2—液压缸；3—单向阀；4—油箱；5—节流阀

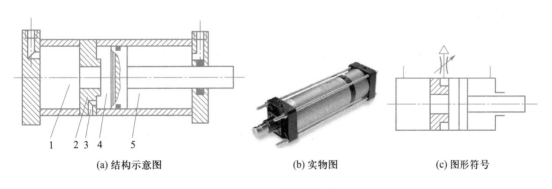

(a) 结构示意图　　　　　(b) 实物图　　　　　(c) 图形符号

图 4-16　冲击气缸

1—蓄能腔；2—中盖；3—排气小孔；4—活塞腔；5—活塞杆腔

冲击气缸工作原理：当压缩空气进入活塞杆腔 5 时，因蓄能腔 1 和活塞腔 4 均与大气相通，活塞很快移动到上限位置，并封住中盖 2 上的喷嘴。当压缩空气进入蓄能腔 1 时，其压力只能通过喷嘴口小面积作用在活塞上。蓄能腔 1 的充气压力逐渐升高，当充气压力升高到能使活塞移动时，活塞使喷嘴口开启，集聚在蓄能腔 1 中的压缩空气通过喷嘴突然作用在活塞的全面积上。高速气流进入活塞腔进一步膨胀并产生冲击波，其压力可高达气源压力的几倍到几十倍，给活塞很大的推力。此时，活塞杆腔因与大气相通而压力很低，活塞在很大的压力差作用下迅速加速，在很短的时间内以极高的速度冲击，从而获得较大的动能。

（6）摆动气缸

摆动气缸是一种在小于 360°范围内做往复摆动的气动执行元件,输出转矩,也称为摆动气马达。摆动气缸按摆动的角度大小可分为 90°、180°和 270°三种规格;按气缸的结构特点可分为叶片式(图 4-17)和齿轮齿条式。

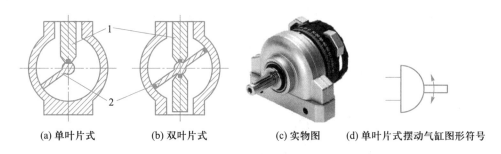

(a) 单叶片式　　　(b) 双叶片式　　　(c) 实物图　　　(d) 单叶片式摆动气缸图形符号

图 4-17　叶片式摆动气缸

1—挡块;2—叶片

叶片式摆动气缸分为单叶片式和双叶片式两种。单叶片式输出轴摆动角小于 360°,双叶片式输出轴摆动角小于 180°。叶片式摆动气缸由叶片轴(转子)、定子、缸体和前后端盖等组成。其定子和缸体固定在一起,叶片和转子连在一起,前后端盖均安装有滑动轴承。叶片式摆动气缸输出效率较低,常用于气动夹具的回转、阀门的开闭和工件的转位等作业。

（7）无杆气缸

无杆气缸是指利用活塞直接或间接连接外界执行机构,并使执行机构跟随活塞实现往复运动的气缸,分为磁性无杆气缸(图 4-18)和机械接触式无杆气缸。这种气缸的最大优点是节省安装空间,速度快,但密封性差,受负载力小。

1）磁性无杆气缸的活塞通过磁力带动缸体外部的移动体做同步移动,其结构如图 4-18a所示。它的工作原理是在活塞上安装一组高强磁性的永久磁环,磁力线通过薄壁缸筒与套在外面的另一组磁环作用,由于两组磁环磁性相反,具有很强的吸力。当活塞在气缸筒中被气压推动时,在磁力的作用下,气缸筒外的磁环套一起移动。气缸活塞的推力必须与磁环的吸力相适应。

2）机械接触式无杆气缸如图 4-19 所示,在气缸缸筒轴向开一条槽,活塞与滑块在槽上部移动。为了防止泄漏及防尘需要,在开口部将聚脂封带和防尘不锈钢带固定在两端缸盖上,活塞架穿过槽,把活塞与滑块连成一体。活塞与滑块连接在一起,带动固定在滑块上的执行机构实现往复运动。

（8）气动手爪气缸

气动手爪气缸是气动机械手上较为关键的执行元件,能完成对工件或产品的各种抓取动作,在工业自动化生产线上较为常见。气动手爪气缸有平行开合手爪、肘节摆动开合手爪,如图 4-20 所示;又可根据手爪数量不同分为两爪、三爪、四爪等类型,其中两爪有平开式和支点开闭式。气动手爪气缸的开闭一般通过气缸活塞的往复运动带动与手爪相连的曲柄连杆、滚轮或齿轮等机构,驱动各个手爪同步做开和闭的运动。

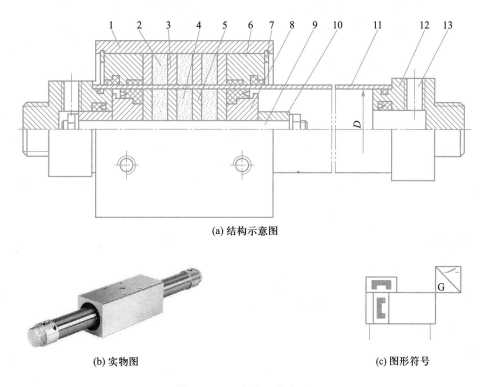

(a) 结构示意图

(b) 实物图　　　　　　　　　　　　(c) 图形符号

图 4-18　磁性无杆气缸

1—套筒;2—外磁环;3—外磁导板;4—内磁环;5—内磁导板;6—压盖;7—卡环;

8—活塞;9—活塞轴;10—缓冲柱塞;11—气缸筒;12—端盖;13—进、排气口

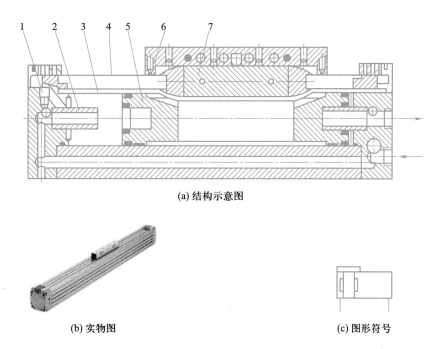

(a) 结构示意图

(b) 实物图　　　　　　　　　　　　(c) 图形符号

图 4-19　机械接触式无杆气缸

1—节流阀;2—缓冲柱塞;3—密封带;4—防尘不锈钢带;5—活塞;6—滑块;7—活塞架

(a) 平行开合手爪

(b) 肘节摆动开合手爪

图 4-20　气动手爪气缸

3. 气缸的选择要点与使用要求

为了便于气缸的保养与维修，以及使气缸具有良好的互换性，在选用气缸时应尽量选择标准化气缸，在生产实践中，在满足使用要求的前提下，特别要注意气缸的选择要点和使用要求。

（1）气缸的选择要点

1）安装形式的选择。安装形式由安装位置、使用目的等因素决定。一般情况下，多用固定式安装方式，包括轴向支座式（MS_1）、前法兰式（MF_1）、后法兰式（MF_2）等。

2）输出力的大小。根据负载大小确定气缸的输出力的大小，一般情况下，气缸的输出力等于负载乘以适当的安全系数 n（$n=1.5\sim2.0$，高速取较大值，低速取较小值）。再根据输出力来确定气缸内径。

3）应使用满行程，以免活塞与缸盖相碰撞，尤其用于夹紧等机构时，为保证夹紧效果，必须按计算行程多加 $10\sim20$ mm 的行程余量。

4）气缸的运动速度。气缸的运动速度主要由所驱动的工作机构的需要来决定。要求速度缓慢、平稳时，宜采用气液阻尼缸或采用节流调速。若要求速度较高，则可以选择内径较大的气缸。

（2）气缸的使用要求

1）一般气缸正常工作的环境温度为 $-35\sim80$ ℃，工作压力为 $0.4\sim0.6$ MPa。

2）安装前，应在 1.5 倍工作压力条件下进行试验，不应漏气。

3）装配时，所有密封元件的相对运动表面应涂以润滑脂。

4）安装的气源进口处必须设置有气源调节装置（过滤器、减压阀和油雾器）。

5）安装时注意活塞杆应尽量承受拉力载荷。承受推力载荷时，应尽可能使载荷垂直作用在活塞杆上，活塞杆不允许承受偏心或横向载荷。

6）气缸在工作过程中，尽量不使用满行程。

7）载荷在行程中有变化时，应使用输出力足够的气缸，并附设缓冲装置。

二、气动马达

气动马达是将压缩空气的压力能转换成旋转的机械能的装置。气动马达有叶片式、活塞式、齿轮式等多种类型,在气压传动中使用最广泛的是叶片式和活塞式马达,现以叶片式气动马达为例简单介绍气动马达的工作原理。

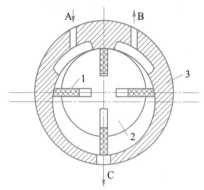

图 4-21 所示为双向旋转叶片式气动马达的结构示意图。当压缩空气从进气口进入气室后立即喷向叶片1,作用在叶片的外伸部分,产生转矩带动转子 2 做逆时针转动,输出机械能。若进气、出气口互换,则转子反转,输出相反方向的机械能。转子转动的离心力和叶片底部的气压力、弹簧力(图中未画出)使得叶片紧贴在定子 3 的内壁上,以保证密封,提高容积效率。叶片式气动马达主要用于风动工具,高速旋转机械及矿山机械等。

图 4-21 双向旋转叶片式气动
马达结构示意图
1—叶片;2—转子;3—定子

气动马达的突出特点是具有防爆、高速等优点,也有其输出功率小、耗气量大、噪声大和易产生振动等缺点。

4.3 气动控制元件

气动控制元件按其功能和作用分为方向控制阀、压力控制阀和流量控制阀三大类。此外,还有通过控制气流方向和通断实现各种逻辑功能的气动逻辑元件等。

一、方向控制阀

气动方向控制阀和液压方向控制阀相似,分类方法也大致相同。按其作用特点可分为单向型和换向型两种,其阀芯结构主要有截止式和滑阀式。

1. 单向型控制阀

单向型控制阀包括单向阀、或门型梭阀、与门型梭阀和快速排气阀。其中,单向阀与液压单向阀类似。

(1)或门型梭阀

在气压传动系统中,当两个通路 P_1 和 P_2 均与另一通路 A 相通,而不允许 P_1 与 P_2 相通时,就要用或门型梭阀,如图 4-22 所示。由于阀芯像织布的梭子一样来回运动,因而称之为梭阀,该阀相当于两个单向阀的组合,在逻辑回路中,它起到或门的作用。

如图 4-22a 所示,当 P_1 进气时,将阀芯推向右边,通路 P_2 被关闭,于是气流从 P_1 进入通路 A。反之,气流则从 P_2 进入 A,如图 4-22b 所示。当 P_1、P_2 同时进气时,哪端压力高,A 就与哪端相通,另一端就自动关闭。图 4-22c 所示为该阀的图形符号。

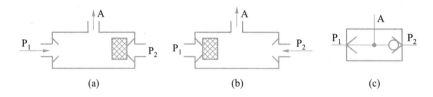

图 4-22　或门型梭阀

（2）与门型梭阀（双压阀）

与门型梭阀又称为双压阀,该阀只有当两个输入口 P_1、P_2 同时进气时,A 口才能输出。图 4-23 所示为与门型梭阀。P_1 或 P_2 单独输入时,如图 4-23a、b 所示,此时 A 口无输出,只有当 P_1、P_2 同时有输入时,A 口才有输出,如图 4-23c 所示。当 P_1、P_2 气体压力不等时,气压低的通过 A 口输出。图 4-23d 所示为该阀的图形符号。

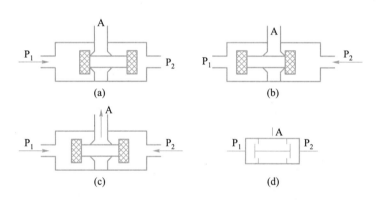

图 4-23　与门型梭阀

（3）快速排气阀

快速排气阀又称为快排阀。它是为加快气缸运动速度作快速排气用的。图 4-24 所示为膜片式快速排气阀。当 P 口进气时,膜片被压下封住排气口,气流经膜片四周小孔,由 A 口流出,同时关闭下口。当气流反向流动时,A 口气压将膜片顶起封住 P 口,A 口气体经 T 口迅速排掉。

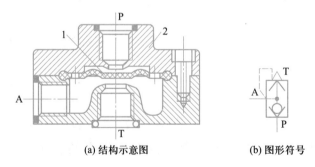

(a) 结构示意图　　　(b) 图形符号

图 4-24　膜片式快速排气阀

1—膜片；2—阀体

2. 换向型控制阀

换向型控制阀(简称换向阀)的功能与液压的同类阀相似,操作方式、切换位置和图形符号也基本相同。图 4-25 所示为二位三通电磁换向阀。

二、压力控制阀

气动压力控制阀主要有减压阀、溢流阀和顺序阀。

图 4-26 所示为压力控制阀(直动型)图形符号。它们都是利用作用于阀芯上的气体压力和弹簧力相平衡的原理来进行工作的。而在气压传动中,一般都是由空气压缩机将空气压缩后储存于储气罐中,然后经管路输送给各传动装置使用,储气罐提供的空气压力高于每台装置所需的压力,且压力波动也较大。因此,必须在每台装置入口处设置减压阀,以将入口处的空气降低到所需的压力,并保持该压力值的稳定。

图 4-27 所示为 QTA 型直动型调压阀(减压阀)。

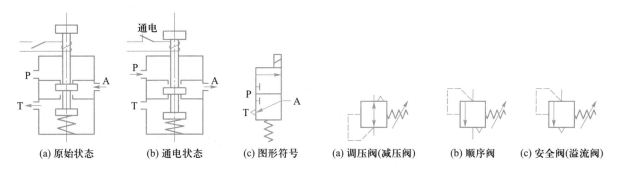

(a) 原始状态	(b) 通电状态	(c) 图形符号

(a) 调压阀(减压阀)	(b) 顺序阀	(c) 安全阀(溢流阀)

图 4-25 二位三通电磁换向阀　　　　图 4-26 压力控制阀(直动型)图形符号

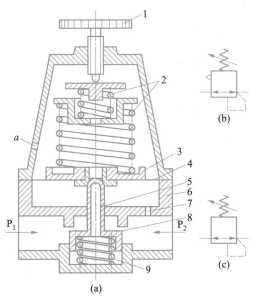

图 4-27 QTA 型直动型调压阀

1—调节手柄;2—调压弹簧;3—下弹簧座;4—膜片;5—阀芯;6—阀套;7—阻尼孔;8—阀口;9—复位弹簧

用调节手柄 1 控制阀口开度的大小,即可输出压力的大小。

三、流量控制阀

气动流量控制阀主要有节流阀、单向节流阀和排气节流阀等,都是通过改变控制阀的通流面积来实现流量的控制元件。因此,只以排气节流阀为例介绍流量控制阀的工作原理。

图 4-28 所示为排气节流阀。气流从 A 口进入阀内,由节流口 1 节流后经消声套 2 排出,因而它不仅能调节执行元件的运动速度,还能起到降低排气噪声的作用。

排气节流阀通常安装在换向阀的排气口处与换向阀联用,起单向节流阀的作用。

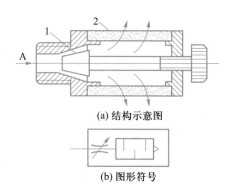

(a) 结构示意图

(b) 图形符号

图 4-28   排气节流阀
1—节流口;2—消声套

*四、气动逻辑元件

气动逻辑元件是一种以压缩空气为工作介质,通过元件内部阀芯的动作,进行气动切换而实现逻辑功能的控制元件。气动逻辑元件的种类很多,按工作压力分为高压、低压、微压三种;按逻辑功能分为"是门""与门""或门""非门"和"双稳"元件;按结构形式分为截止式、膜片式、滑阀式和球阀式等几种类型。

1.气动逻辑元件的特点

1)元件孔径较大,抗污能力强,对气源的净化程度要求低。

2)元件在完成切换动作后,能切断气源和排气孔之间的通道,即具有关断能力,无功耗气量较低。

3)负载能力、适应能力强,可带多个同类型元件。

4)在组成系统时,元件间的连接方便,调试简单。

5)在强冲击振动下,有可能产生误动作。

2.几种常见的气动逻辑元件及回路

高压截止式逻辑元件是依靠控制气压信号推动阀芯动作或通过膜片的变形推动阀芯动作,改变气流的流动方向以实现一定逻辑功能的逻辑阀。根据其逻辑功能的不同,形成各种最基本的逻辑单元(逻辑门),基本逻辑单元有"是门""与门""或门""非门"和"双稳"等。

(1)"是门"和"与门"元件

图 4-29 所示为截止式"是门"和"与门"元件。图中 a 为输入信号,S 为输出信号,中间孔

接气源 P 时为"是门"元件。也就是说,在 a 无信号
时,阀芯 2 在弹簧及气源 P 作用下处于图示位置,
封住 P、S 间的通道,使输出信号 S 与排气孔相通,S
无信号;反之,当 a 有信号时,膜片 1 在其作用下将
阀芯 2 推动下移,封住输出信号 S 与排气孔间通道,
P 与 S 相通,S 有信号。也就是说,无输入信号时无
输出,有输入信号时就有输出。元件的输入信号和
输出信号之间始终保持相同的状态,即 $S=a$。

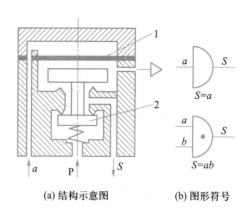

(a) 结构示意图　(b) 图形符号

图 4-29 "是门"和"与门"元件

1—膜片;2—阀芯

若将中间孔不接气源而换接另一输入信号 b,
则成"与门"元件,只有当 a、b 同时有输入信号时,S
才有输出,记为 $S=ab$。

(2)"或门"元件

图 4-30 所示为"或门"元件。当只有 a 信号输入时,阀片被推动下移,打开上阀口,接通
a、S,S 有信号。类似地,当只有 b 信号输入时,接通 b、S,S 也有信号。显然,当 a、b 均有信号
输入时,S 定有输出,记为 $S=a+b$。

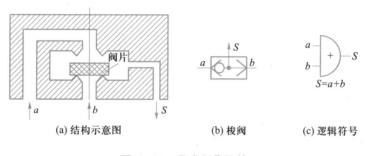

(a) 结构示意图　　　　(b) 梭阀　　　　(c) 逻辑符号

图 4-30 "或门"元件

(3)"非门"和"禁门"元件

图 4-31 所示为"非门"和"禁门"元件。图中 a 为输入信号,S 为输出信号,中间孔接气源
作 P 时为"非门"元件。在 a 无信号时,阀片 2 在气源压力作用下上移,封住输出 S 与排气孔
间的通道,S 有信号。当 a 有信号时,膜片 1 在输入信号作用下,推动阀杆下移,阀片 2 封住气
源孔 P,S 无信号,即只有 a 有输入信号时,输出端就"非"了,即没有输出。

若将气源口 P 改为输入信号 b,该元件即成为"禁门"元件。在 a、b 均有输入信号时,阀杆
及阀片 2 在 a 输入信号作用下封住 b 信号,S 无信号,在 a 无输入信号而 b 有输出信号时,S 就
有输出信号,即 a 输入信号对 b 输入信号起"禁止"作用。

(4)"双稳"元件

图 4-32 所示为"双稳"元件。

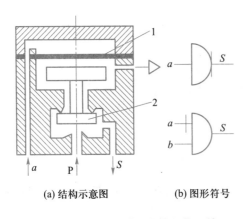

(a) 结构示意图　　(b) 图形符号

图 4-31　"非门"和"禁门"元件

1—膜片；2—阀片

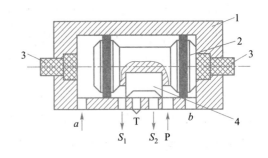

图 4-32　"双稳"元件

1—阀体；2—阀芯；3—手动按钮；4—滑块

当 a 有输入信号时，阀芯 2 被推向右端（即图示位置），气源的压缩空气便由 P 至 S_1 输出，而 S_2 与排气口相通，此时"双稳"处于"1"状态。在控制端 b 输入信号到来之前，a 信号即使消失，阀芯 2 仍保持在右端位置，S_1 总有信号。

当 b 输入信号时，阀芯 2 被推向右端，此时压缩空气由 P 到 S_2 输出，而 S_1 与排气孔相通，于是"双稳"处于"0"状态。在 a 信号未到之前，即便使 b 信号消失，阀芯 2 仍处于左端位置，S_2 总有输出。

由上述可见，这种元件具有两种稳定状态，平时总是处于两种稳定状态中的某一状态上。有外界输入信号时，"双稳"元件才从一种稳定状态切换成另一种稳定状态，切换信号解除后，仍保持原稳定状态不变。这样，就把切换信号的作用记忆下来了，直至另一端切换信号输入，再稳定到另一种状态上。所以"双稳"元件具有记忆功能，也称为记忆元件。

基本技能训练　拆装气源调节装置

在气动技术中，将空气过滤器、减压阀和油雾器无管连接为一体，称为气源调节装置，俗称气动三联件，如图 4-33 所示。在许多气动技术应用场合，电磁阀和气缸等气动元件能够实现无油润滑（依靠润滑脂实现润滑功能），不需要油雾器。因此，由空气过滤器和减压阀无管连接为一体的气源调节装置俗称气动两联件，如图 4-34 所示。本实训选用气动三联件或两联件进行拆装。

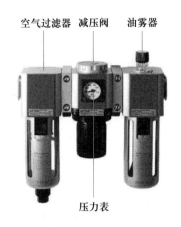

空气过滤器 减压阀 油雾器

压力表

图 4-33 气源调节装置（气动三联件）

减压阀

压力表 过滤器

图 4-34 气源调节装置（气动两联件）

一、实训目的

1）了解气源调节装置的结构功能和不同用途。

2）掌握气源调节装置的安装、使用和保养方法。

二、任务描述

1）将气源调节装置拆分，了解其组成结构和工作原理。

2）安装气源调节装置，调整其在气动系统中的工作参数或工作状态。

三、主要实训器材

空气压缩机、气动三联件或气动两联件、气管及接头、气动与液压系统拆装常用工具等。

四、要求与步骤

1）拆分与装配过滤器、减压阀和油雾器（图 4-35），清洁并更换滤芯。

2）将气源调节装置与空气压缩机连接，通过调整减压阀（图 4-36）来调节气动系统的压力。

3）油雾器的加油与调整。

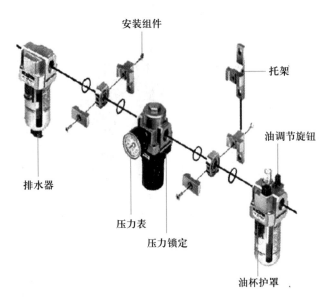

图 4-35　气动三联件

图 4-36　减压阀

五、安全注意事项

1）气动三联件联合使用时,其连接顺序只能是过滤器→减压阀→油雾器,顺序不能颠倒。每个部件都有气流方向指示标记,安装时请注意气体流动方向与阀体上的箭头方向是否一致。

2）配管前,要充分吹掉管中的切屑、灰尘等,防止密封材料碎片混入。使用密封条时,应顺时针方向将密封条缠绕在管螺纹上,端部应空出 1.5~2 个螺纹宽度。

3）滤芯应定期清洗或更换,清洗应使用中性清洗剂,然后用净水漂净后吹干。

4）调节减压阀时,在转动旋钮前应先将其拉起（图 4-36）,压下旋钮为定位。旋钮向右旋转为调高出口压力,向左旋转为调低出口压力。调节压力时应逐步均匀地调至所需压力值,不应一步调节到位。

5）为了延长减压阀的使用寿命,阀不用时,应旋松旋钮使压力回零,避免阀内膜片长期受压产生塑性变形。

6）气动系统的润滑油是专用油,一般用的是气动元件生产商推荐的润滑油,如 ISO Vg32,绝对不允许使用锭子油或机油。加油量不要超过油杯的 80%,数字 0 为油量最小,9 为油量最大。9~0 位置不能旋转,须顺时针旋转。

7）维修时,要注意观察压力表,排放系统的残余压力,以免发生危险。

六、总结与思考

1）气源调节装置是气动系统的入口所必需的气动元件。

2）在对油污控制严格的工作场所,如纺织、制药和食品行业,要求选用无油润滑的气动元件。在这种气动系统中,气源调节装置只能用有过滤和调压作用的气动两联件。

3）对无油润滑气动系统,如改为有油润滑,要一直沿用润滑方式,因为一旦采用了有油润滑,润滑油会将无油润滑元件里相对运动件上原来的润滑脂冲掉。

4）压缩空气中的污染物主要来自哪些方面?

5）压缩空气在使用前为什么要进行过滤和干燥处理?

思考题与习题

4-1 气动换向阀与液压换向阀的主要区别有哪些?

4-2 气动调压阀,顺序阀和安全阀这三种阀的图形符号有什么区别? 它们各有什么用途?

4-3 什么是气动调节装置? 各起什么作用? 应以怎样的顺序安装?

单元5
气动基本回路

> 气压传动系统的形式很多,大都由不同功能的基本回路组成,熟悉常用的基本回路是分析和安装、调试、使用、维修气压传动系统的必要基础。

5.1 方向控制回路

一、单作用气缸换向回路

图 5-1 所示为单作用气缸换向回路。在图 5-1a 所示回路中,当电磁铁得电时,气压使活塞杆伸出,而电磁铁失电时,活塞杆在弹簧作用下缩回。

图 5-1b 所示回路中,三位五通换向阀电磁铁失电后能自动复位,故能使气缸停留于行程中的任意位置,但定位精度不高,定位时间不宜太长。

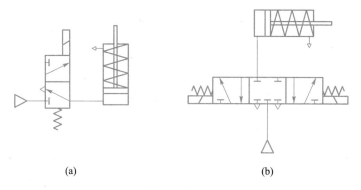

(a)　　　　　　　　　　　(b)

图 5-1 单作用气缸换向回路

二、双作用气缸换向回路

图 5-2 所示为双气控二位五通阀和双气控中位封闭式三位五通阀的控制回路。在图 5-2a 所示回路中,通过对换向阀左右两侧分别输入控制信号,使气缸活塞杆伸出和缩

回。此回路不许左右两侧同时加等压控制信号,否则会误动作,其回路相当于"双稳"的逻辑功能。在图5-2b所示回路中,除控制双作用缸换向外,还可在行程中的任意位置停止运动。

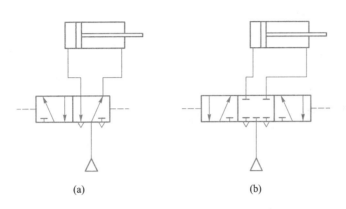

(a)   (b)

图5-2 双作用气缸换向回路

5.2 压力控制回路

压力控制回路的功用是使系统保持在某一规定的压力范围内,常用的有一次压力控制回路、二次压力控制回路和高低压转换回路。

一、一次压力控制回路

图5-3所示为一次压力控制回路。此回路用于控制储气罐的压力,使之不超过规定的压力值,常用外控溢流阀1或用电接点压力表2来控制空气压缩机的转、停,使储气罐内压力保持在规定范围内。外控溢流阀结构简单,工作可靠,但气量浪费大。采用电接点压力表对电动机及控制要求较高,常用于小型空气压缩机的控制。

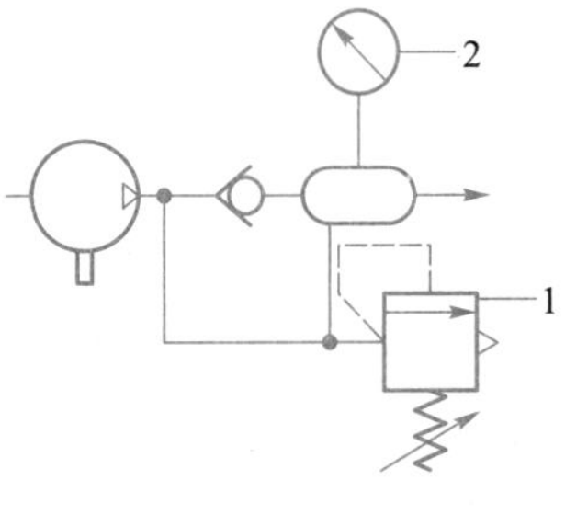

二、二次压力控制回路

图5-4所示为二次压力控制回路,为保证气动系统使用的气体压力为一稳定值,多用空气过滤器、减压阀、油雾器(气源调节装置)组成的二次压力控制回路,但要注意,供给逻辑元件的

图5-3 一次压力控制回路

1—外控溢流阀;2—电接点压力表

压缩空气不要加入润滑油。

图 5-5 所示为高低压转换回路。该回路利用两只减压阀和一只换向阀输出低压或高压空气。若去掉换向阀,就可同时输出高低压两种压缩空气。

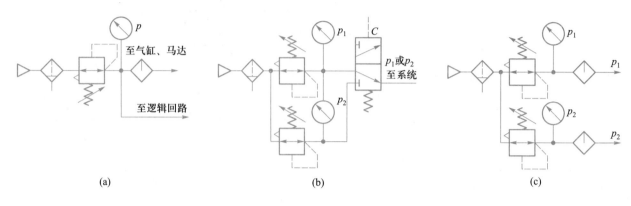

图 5-4　二次压力控制回路

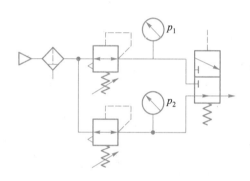

图 5-5　高低压转换回路

5.3　速度控制回路

通常采用节流调速回路控制气缸的速度。

一、单向调速回路

图 5-6 所示为双作用缸单向调速回路。图 5-6a 所示为供气节流调速回路。在图示位置时,当气控换向阀不换向时,进入气缸 A 腔的气流流经节流阀,B 腔排出的气体直接经换向阀快排。当节流阀开度较小时,由于进入 A 腔的流量较小,压力上升缓慢。当气压能克服负载时,活塞前进,此时 A 腔容积增大,结果使压缩空气膨胀,压力下降,使作用在活塞上的力小于

负载,因而活塞就停止前进。待压力再次上升时,活塞才再次前进。这种由于负载及供气的原因使活塞忽走忽停的现象,称为气缸的"爬行"。所以,节流供气的不足之处主要表现为:当负载方向与活塞的运动方向相反时,活塞运动易出现不平稳现象,即"爬行"现象;当负载方向与活塞运动方向一致时,由于排气经换向阀快排,几乎没有阻尼,负载易产生"跑空"现象,使气缸失去控制。所以,节流供气多用于垂直安装的气缸的供气回路中,在水平安装的气缸的供气回路中一般采用图5-6b所示的节流排气回路。由图示位置可知,当气控换向阀不换向时,从气源来的压缩空气经气控换向阀直接进入气缸的A腔,而B腔排出的气体必须经节流阀到气控换向阀而排入大气,因而B腔中的气体就具有一定的压力。此时,活塞在A腔与B腔的压力差作用下前进,而减少了"爬行"发生的可能性,调节节流阀的开度,就可控制不同的排气速度,从而也就控制了活塞的运动速度,排气节流调速回路具有下述特点:

1)气缸速度随负载变化较小,运动较平稳。

2)能承受与活塞运动方向相同的负载(反向负载)。

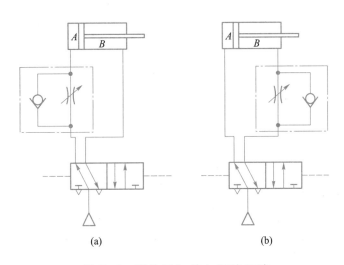

图 5-6　双作用缸单向调速回路

二、双向调速回路

图5-7所示为双向调速回路。图5-7a所示为采用单向节流阀式的双向节流调速回路。图5-7b所示为采用排气节流阀的双向节流调速回路。

三、气-液调速回路

图5-8所示为气-液调速回路。当电磁阀处于下位接通时,气压作用在气缸无杆腔活塞上,有杆腔内的液压油经机控换向阀进入气-液转换器,活塞杆快速伸出。当活塞杆压下

机控换向阀时,有杆腔油液只能通过节流阀到气-液转换器,从而使活塞杆伸出速度减慢,而当电磁阀处于上位时,活塞杆快速返回。此回路可实现快进、工进、快退工况。因此,在要求气缸具有准确而平稳的速度时(尤其是在负载变化较大的场合),就要采用气-液相结合的调速方式。

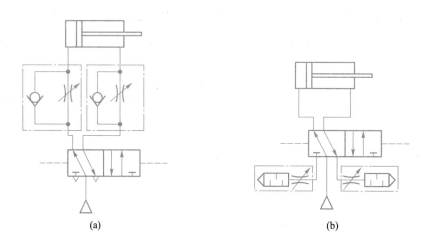

(a)　　　　　　　　　　　(b)

图 5-7　双向调速回路

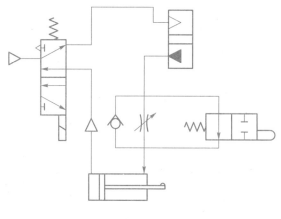

图 5-8　气-液调速回路

5.4　典型真空吸附回路

在电子元件组装、汽车组装、自动搬运、机械手动作等诸多方面都要通过拾取工件来移动物体,为产品的加工和组装服务。以真空吸附为动力源,在自动化系统中吸附物件,已在上述领域得到了广泛应用。对任何具有光滑表面的物体,特别对于非金属且不适合夹紧的物体,都可以使用真空吸附来完成作业。以真空吸附完成工件拾放的真空吸附回路如图 5-9 所示。

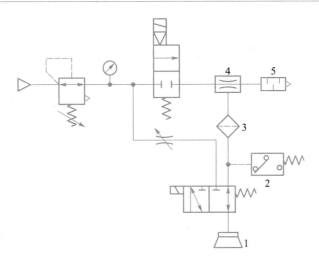

图 5-9 真空吸附回路

1—真空吸盘;2—真空开关;3—真空过滤器;4—真空发生器;5—消声器

一、真空吸附回路基础知识

真空吸附回路是由真空泵或真空发生器产生真空并用真空吸盘吸附物体,以达到吊运物体、组装产品目的的回路。真空发生装置有真空泵和真空发生器两种。真空泵是吸入口形成负压(真空),排气口直接通大气,两端压力比很大的抽除气体的机械,主要适用于连续大流量、集中使用且不宜频繁启停的场合,如彩色显像管制造。真空发生器则适合从事流量不大的间歇工作,针对表面光滑的工件,如真空包装机械中包装纸的吸附、汽车装配中前风窗玻璃的吸附。因此,真空吸附回路可分为真空泵真空吸附回路和真空发生器真空吸附回路两种。

二、典型真空吸附回路

1. 真空泵真空吸附回路

图 5-10 所示为真空泵真空吸附回路。真空泵 1 产生真空,当换向阀 2 通电后,产生的真空度达到规定值时,真空吸盘 4 将工件吸起;当换向阀 2 断电时,真空消失,工件依靠自重与真空吸盘脱离。

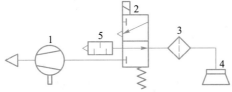

图 5-10 真空泵真空吸附回路

1—真空泵;2—换向阀;3—过滤器;4—真空吸盘;5—消声器

2. 真空发生器真空吸附回路

图 5-11 所示为真空发生器真空吸附回路。由于采用真空发生器产生真空比较容易,因此它的应用十分广泛,回路中各主要元件如图 5-11a 所示。

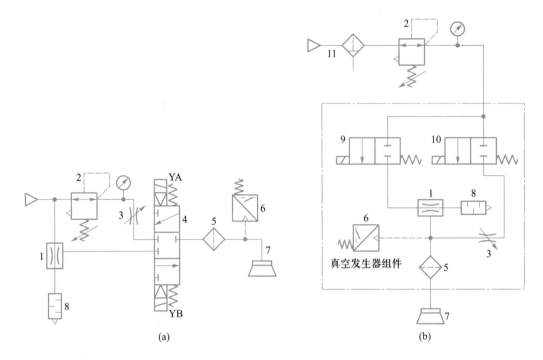

图 5-11　真空发生器真空吸附回路

1—真空发生器;2—减压阀;3—节流阀;4、9、10—换向阀;5—真空过滤器;

6—真空压力开关;7—真空吸盘;8—消声器;11—空气过滤器

三、典型真空吸附回路原理分析

下面结合电气控制电路分析图 5-11 所示真空发生器真空吸附回路的工作过程。

图 5-11a 所示的真空吸附回路对应的电气控制电路如图 5-12 所示。

按下工件吸合按钮 SB2,电磁铁线圈 YA 得电,三位三通阀上位接入系统,真空发生器 1 与真空吸盘 7 接通,对吸盘进行抽吸,吸盘将工件吸起,当吸盘内的真空压力达到真空压力开关 6 设定的值时,开关处于接通状态,发出电信号,进行后面的动作。松开按钮 SB2,线圈 YA 失电,三位三通阀阀芯回到原位,吸盘保持吸合状态。按下工件松开按钮 SB3,电磁铁线圈 YB 得电,三位三通阀下位接入系统,压缩空气进入真空

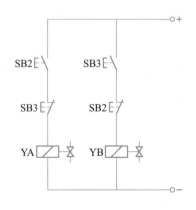

图 5-12　电气控制电路

吸盘,将工作与吸盘吹开。吹力的大小由减压阀 2 设定,流量由节流阀 3 设定。松开 SB3,线圈 YB 失电,三位三通阀阀芯回到原位,吸盘保持原来的状态。SB2、SB3 的两个动断触点起到机械互锁的作用。

图 5-11b 所示的真空吸附回路对应的电气控制电路如图 5-13 所示。

按下工件吸合按钮 SB2,KA1 线圈得电,KA1 自锁触点吸合,同时 3 路的 KA1 动合触点闭合,电磁阀 YA1 线圈得电,电磁阀 9 左位接入系统,压缩空气通过真空发生器 1,对吸盘进行抽吸,吸盘将工件吸起。当真空压力达到真空压力开关 6 所设定的值时,开关处于接通状态,发出电信号,控制真空吸附机构动作。松开接钮 SB2,KA1线圈通过其自锁触点形成通电回路,电磁铁线圈 YA1 保持通电状态,吸盘保持吸力。按下工件松开按钮 SB3,KA1 线圈失电,YA1 线圈失电,电磁阀 9 复位,KA2 线圈得电,KA2 自锁触点吸合,同时 6 路的 KA2 常开触点吸合,YA2 线圈得电,电磁阀 10 左位接入系统,压缩空气进入真空吸盘,将工件与吸盘吹开。松开按钮 SB3 后,KA2 线圈通过其自锁触点形成通电回路,电磁铁线圈 YA2 保持通电状态,吸盘保持原来的状态。只有按下停止按钮 SB1 后,电路中所有的线圈失电,真空发生器组件回路才停止工作。

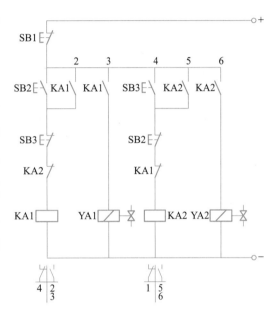

图 5-13　真空回路的电气控制电路

5.5　其他常用基本回路

一、安全保护回路

气动机构负荷过载、气压突然降低,以及气动执行机构的快速动作等原因都可能危及操作人员和设备的安全,因此在气动回路中,常常要加入安全回路。需要指出的是,在设计任何气动回路中,特别是安全回路中,都不可缺少过滤装置和油雾器,因为空气中的杂物,可能堵塞阀中的小孔和通路,使气路发生故障。缺乏润滑油时,很可能使阀发生卡死或磨损,以致整个系统的安全都发生问题。下面介绍几种常用的安全保护回路。

1. 过载保护回路

图 5-14 所示为过载保护回路。按下手动换向阀 1,在活塞杆伸出的过程中,若遇到障碍 6,缸内无杆腔压力升高,打开顺序阀 3,使阀 2 换向,阀 4 随即复位,活塞立即退回,实现过载保护。若无障碍 6,气缸向前运动时压下阀 5,活塞即刻返回。

2. 互锁回路

图 5-15 所示为互锁回路。在该回路中,二位四通阀的换向受三个串联的机动二位三通阀控制,只有三个机动二位三通阀都接通,主阀才能换向。

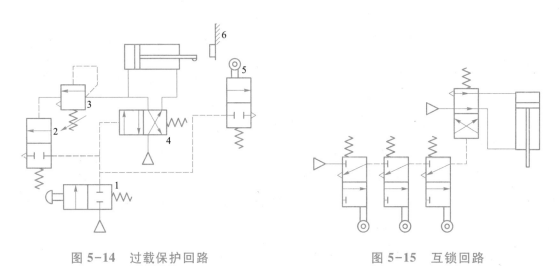

图 5-14　过载保护回路　　　　　　　　图 5-15　互锁回路

3. 双手操作回路

所谓双手操作回路就是使用两个启动阀的手动阀,只有同时按动两个阀才动作的回路。这种回路主要是为了安全。这在锻造、冲压设备上常用,可避免产生误动作,以保护操作者的安全。

图 5-16 所示为双手操作回路。图 5-16a 所示回路使用逻辑"与"回路,为使主控阀 3 换向,必须使压缩空气信号进入阀 3 左侧,为此必须使两个三通阀 1 和 2 同时换向,而且,这两个阀必须安装在单手不能同时操作的位置上。在操作时,如任何一只手离开则控制信号消失,主控阀复位,活塞杆后退。图 5-16b 所示是使用三位四通主控阀的双手操作回路。把主控阀 1 的信号 A 作为二位三通阀 2 和 3 的逻辑"与"回路,即只有二位三通阀 2 和 3 同时动作时,主控阀 1 换向到上位,活塞杆前进;把信号 B 作为二位三通阀 2 和 3 的逻辑"或非"回路,即当二位三通阀 2 和 3 同时松开时(图示位置),主控阀 1 换向到下位,活塞杆返回,若二位三通阀 2 或 3 任何一个动作,都将使主控阀复位到中位,活塞杆处于停止状态。

二、延时回路

图 5-17 为延时回路。图 5-17a 所示为延时输出回路,当控制信号切换阀 4 后,压缩空气

经单向节流阀 3 向气罐 2 充气。当充气压力经过延时升高致使阀 1 换位时,阀 1 就有输出。图5-17b 所示为延时接通回路,按下阀 8,则气缸向外伸出,当气缸在伸出行程中压下阀 5 后,压缩空气经节流阀到气罐 6,延时后才将阀 7 切换,气缸退回。

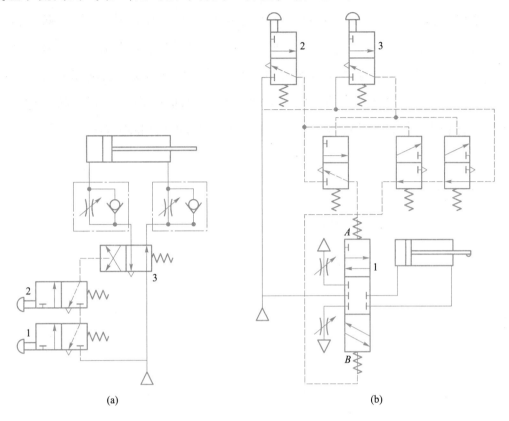

(a)　　　　　　　　　　　(b)

图 5-16　双手操作回路

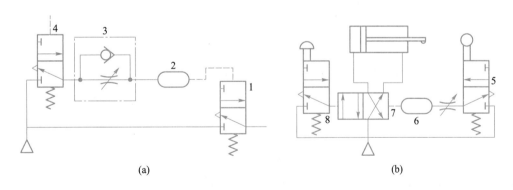

(a)　　　　　　　　　　　(b)

图 5-17　延时回路

三、顺序动作回路

顺序动作是指在气动回路中,各个气缸按一定程序完成各自的动作。例如,单缸有单往复动作,二次往复动作和连续往复动作等;多缸按一定顺序进行单往复或多往复顺序动作等。

1. 单往复动作回路

图 5-18 所示为单往复动作回路。图 5-18a 所示是行程阀控制的单往复动作回路,当按下阀 1 的手动按钮后,压缩空气使阀 3 换向,活塞杆向前伸出,当活塞杆上的挡铁碰到行程阀 2 时,阀 3 复位,活塞杆返回。图 5-18b 所示是压力控制的单往复动作回路,当按下阀 1 的手动按钮后,阀 3 阀芯右移,气缸无杆腔进气使活塞杆伸出(右行),同时气压还作用在顺序阀 4 上。当活塞到达终点后,无杆腔压力升高并打开顺序阀,使阀 3 又切换至右位,活塞杆就缩回(左行)。图 5-18c 所示是利用延时回路形成的时间控制单往复动作回路,当按下阀 1 的手动按钮后,阀 3 换向,气缸活塞杆伸出,当压下行程阀 2 后,延时一段时间,阀 3 才能换向,然后活塞杆再缩回。

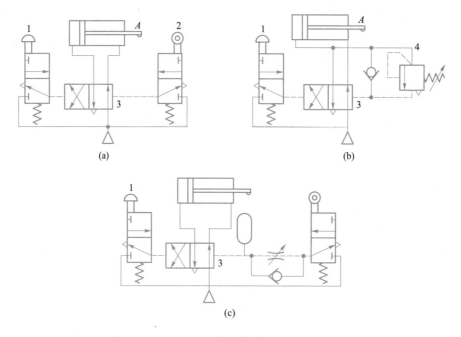

图 5-18　单往复动作回路

由以上可知,在单往复动作回路中,每按下一次按钮,气缸就完成一次往复动作。

2. 连续往复动作回路

图 5-19 所示为连续往复动作回路。它能完成连续的动作循环。当按下阀 1 的按钮后,阀 4 换向,活塞向前运动,这时由于阀 3 复位而将气路封闭,使阀 4 不能复位,活塞继续前进。到行程终点压下行程阀 2,使阀 4 控制气路排气,在弹簧作用下阀 4 复位,气缸返回,在终点压下阀 3,在控制压力下阀 4 又被切换到左位,活塞再次前进。这样,一直连续往复,只有提起阀 1 的按钮后,阀 4 复位,活塞返回而停止运动。

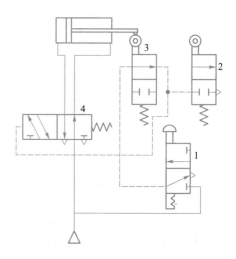

图 5-19　连续往复动作回路

基本技能训练　双作用气缸速度控制回路的连接与调试

一、实训目的

1）掌握元件连接方法，并理解元件的工作原理。
2）掌握双作用气缸速度控制回路的安装与调试方法。
3）掌握双作用气缸速度控制回路的原理、故障分析及排除方法。

二、任务描述

1）认识实训所用到的各个元件的名称、规格、型号，掌握各元件的结构和工作原理。
2）根据控制回路原理图正确安装各个元件。
3）按实训要求和步骤调试分析，并记录实训结果。

三、主要实训器材

表 5-1　主要实训器材

序号	元件名称	型号及规格	数量
1	气源调节装置	AC2000-D	1
2	二位三通按钮阀（常闭型）	MSV98322PPC	2
3	带压力表的减压阀	AR2000	1
4	双作用气缸	MSAL20	1
5	单向节流阀	ASC-08V	2
6	二位五通双气控阀	4A220-08	1
7	三通		2
8	气管	$\phi 6$ mm	若干

四、要求与步骤

图 5-20 所示的双作用气缸速度控制回路原理图中装了两只单向节流阀,目的是对活塞向两个方向运动时的气流进行节流,而气流是通过单向节流阀里的节流阀供给气缸,所以调节阀的旋钮可以调节进气的速度,以控制活塞杆的运动速度。按下阀 1 按钮,调节单向节流阀 2 的进气,单向节流阀 2 开口调得越大,活塞伸出速度越快,反之,活塞伸出速度越慢。松开阀 1 按钮,压缩空气从该阀 R 口排气。按下阀 3 按钮,调节单向节流阀 4 的进气,单向节流阀 4 开口调得越大,活塞缩回速度越快,反之,活塞缩回速度就越慢。松开阀 3 按钮,压缩空气从该阀 R 口排气。

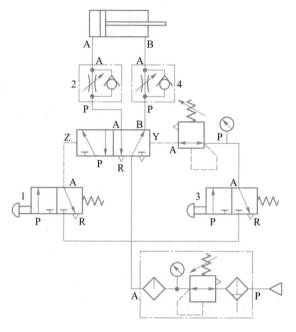

图 5-20 双作用气缸速度控制回路原理图

安装回路时,首先将空气压缩机的出气口连接到气源调节装置的进气口(P)。气源调节装置由空气过滤器、减压阀、油雾器组成。气管由气源调节装置的出口(A)经两个三通分三路,第一路连接到阀 1 的进气口(P),再从阀 1 的出气口(A)连接到二位五通阀的进气口(Z);第二路连接到二位五通阀的进气口(P);第三路连接到阀 3 的进气口(P),再从阀 3 的出气口(A)连接到减压阀的进气口(P),从减压阀的出气口(A)连接到二位五通阀的进气口(Y)。然后从二位五通阀的出气口(A)连接调节单向阀 2 的进气口(P),从单向调节阀 2 的出气口(A)连接到气缸 A 口;从二位五通阀的出气口(B)连接到单向节流阀 4 的进气口(P),从单向节流阀 4 的出气口(A)连接到气缸的 B 口。实训时要注意减压阀上压力表的显示值。

五、安全注意事项

1)按照控制回路原理图进行连接。

2)在需要敲打某一零件时,请用铜棒,切忌用铁或钢棒。

3)检查密封有无老化现象,如果有,请更换新密封件。

4)接好气压回路之后,应检查各快速接头的连接部分是否连接可靠,指导教师确认无误后,方可起动。

5)运行状态中严禁乱动设备。

六、总结与思考

1）双作用气缸的工作特点:在两个方向上都有输出力;回程的输出力比伸出时的输出力小,其差值为压力与活塞杆横截面积的乘积;在活塞的伸出位置和返回位置,活塞支承环与导向套之间的距离不同;活塞杆不能承受径向载荷;为使回程时的输出力足够大,活塞杆直径一般较小;结构简单,性能优良。

2）双作用气缸是否等同于双出杆气缸?

3）在使用中,气源调节装置上的油雾器是否可断油?

思考题与习题

5-1 试利用两个双作用气缸、一只顺序阀、一个二位四通单电控换向阀设计顺序动作回路。

5-2 图 5-16 中的双手操作回路为什么能起到保护操作者的作用?

5-3 什么是延时回路？它相当于电气元件中的什么元件？

单元6
典型气压传动系统

> 气压传动技术是实现工业生产自动化、半自动化的方式之一,其应用十分广泛。本单元主要介绍几种气压传动控制回路。

6.1　气动机械手气压传动系统

气动机械手具有结构简单、动作迅速、制造成本低等优点,可以根据各种自动化设备的工作需要,按照设定的控制程序动作。

图6-1所示为用于某一专用设备上的气动机械手结构示意图。它由四个气缸组成,可实现在三维空间内动作。

图中 A 缸为夹紧缸,其活塞杆退回时夹紧工件,活塞杆伸出时松开工件。B 缸为长臂伸缩缸,可实现伸出和缩回动作。C 缸为主柱升降缸。D 缸为主柱回转缸,该气缸有两个活塞,分别装在带齿条的活塞杆两头,齿条的往复运动带动立柱上的齿轮旋转,从而实现立柱的旋转。

图6-2所示为气动机械手的气动系统工作原理图。要求其工作循环为,立柱上升→伸臂→立柱顺时针旋转→机械手夹取工件→立柱逆时针旋转→缩臂→立柱下降。

三个气缸均由三位四通双电控换向阀1、2、7和单向节流阀3、4、5、6组成的换向、调速回路控制。各气缸的行程位置均由电气行程开关进行控制,表6-1所列为该机械手在工作循环中各电磁铁的动作顺序。

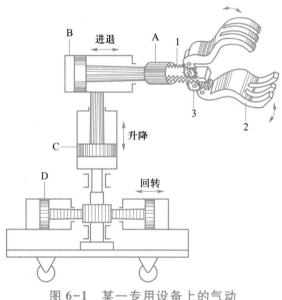

图6-1　某一专用设备上的气动
机械手结构示意图

1—齿条;2—机械手;3—齿轮

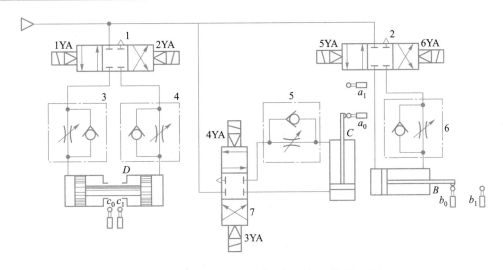

图 6-2　气动机械手的气动系统工作原理图

表 6-1　机械手在工作循环中各电磁铁的动作顺序

电磁铁	垂直缸 C 上升	水平缸 B 伸出	回转缸 D 转位	回转缸 D 复位	水平缸 B 退回	垂直缸 C 下降
1YA	–	–	+	–	–	–
2YA	–	–	–	+	–	–
3YA	–	–	–	–	–	+
4YA	+	–	–	–	–	–
5YA	–	+	–	–	–	–
6YA	–	–	–	–	+	–

　　按下启动按钮,4YA 通电,阀 7 处于上位,压缩空气进入垂直气缸 C 下腔,活塞杆上升。

　　当气缸 C 活塞杆上的挡块碰到电气行程开关 a_1 时,4YA 断电,5YA 通电,阀 2 处于左位,水平气缸 B 活塞杆伸出,带动机械手进入工作点并夹取工件。

　　当缸 B 活塞上的挡块碰到电气开关 b_1 时,5YA 断电,1YA 通电,阀 1 处于左位,回转缸 D 顺时针方向回转,使机械手进入下料点下料。

　　当回转缸 D 活塞杆上的挡块压下电器行程开关 c_1 时,1YA 断电,2YA 通电,阀 1 处于右位,回转缸 D 复位。

　　回转缸复位时,其上挡块碰到电气行程开关 c_0 时,6YA 通电,2YA 断电,阀 2 处于右位;水平缸 B 活塞杆退回。

　　水平缸退回时,挡块碰开关 b_0,6YA 断电,3YA 通电,阀 7 处于下位,垂直缸活塞杆下降,到原位时,碰上电气行程开关 a_0,3YA 断电,至此完成一个工作循环,如再给启动信号,可进行同样的工作循环。

根据需要只要改变电气行程开关的位置,调节单向节流阀的开度,即可改变各气缸的运动速度和行程。

6.2　工件夹紧气压传动系统

工件夹紧气压传动系统是机械加工自动线、组合机床中常用的夹紧装置。

图 6-3 所示为工件夹紧气压传动系统图,其工作原理是:当工件运动到指定位置后,气缸 A 的活塞杆伸出,将工件定位后两侧的气缸 B 和 C 的活塞杆伸出,从两侧面夹紧工件,而后进行机械加工。气压系统的动作过程如下:当用脚踏换向阀 1(或用其他方式换向)后,压缩空气经单向节流阀进入气缸 A 的无杆腔,夹紧头下降至工件定位位置后使机动行程阀 2 换向,压缩空气经单向节流阀 5 进入中继阀 6 的右侧,使阀 6 换向;压缩空气经阀 6 通过主控阀 4 的左位进入气缸 B 和 C 的无杆腔,使两气缸活塞杆同时伸出,夹紧工件。与此同时,压缩空气的一部分经单向阀 3 调定延时用于加工后使主控阀 4 换向到右位,则两气缸 B 和 C 返回。

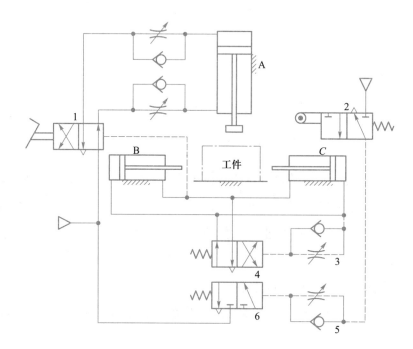

图 6-3　工件夹紧气压传动系统图

在两气缸返回过程中,有杆腔的压缩空气使阀 1 复位,则气缸 A 返回。此时,由于行程阀 2 复位(右位),所以中继阀 6 也复位,则气缸 B 和 C 无杆腔通大气,主控阀 4 自动复位。由此完成一个动作循环,即缸 A 活塞杆伸出压下(定位)→夹紧缸 B、C 活塞杆伸出夹紧(加工)→夹紧缸 B、C 活塞杆返回→缸 A 的活塞杆返回。

6.3 公共汽车车门气压传动系统

采用气压控制的公共汽车车门,需要司机和售票员都能够控制开关车门,并且当车门在关闭过程中遇到障碍物时,能使车门自动开启,起到安全保护的作用。

图 6-4 所示为汽车车门气压控制系统原理图。

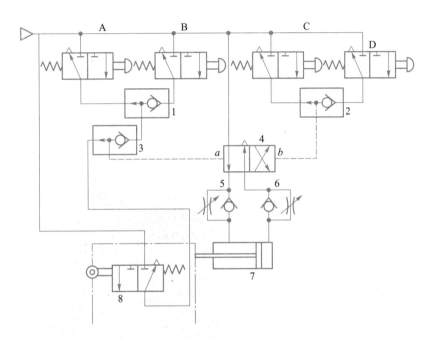

图 6-4 汽车车门气压控制系统原理图

车门的开关靠气缸 7 来实现,气缸是由双气控阀 4 来控制,而双控阀又由 A~D 的按钮阀来操纵,气缸运动速度的快慢由单向速度控制阀 5 或 6 来调节。通过阀 A 或 B 使车门开启,通过阀 C 或 D 使车门关闭。起安全作用的先导阀 8 安装在车门上。

当操纵按钮阀 A 或 B 时,气源压缩空气经阀 A 或 B 到阀 1,把控制信号送到阀 4 的 a 侧,使阀 4 向车门开启方向切换。气源压缩空气经阀 4 和阀 5 到气缸的有杆腔,使车门开启。

当操纵按钮 C 或 D 时,压缩空气经阀 C 或阀 D 到阀 2,把控制信号送到阀 4 的 b 侧,使阀 4 向车门关闭方向切换。气源压缩空气经阀 4 和阀 6 到气缸的无杆腔,使车门关闭。

车门在关闭的过程中如碰到障碍物,便推动阀 8,此时气源压缩空气经阀 8 把控制信号通过阀 3 送到阀 4 的 a 侧,使阀 4 向车门开启方向切换。必须指出,如果阀 C 或阀 D 仍然保持在压下状态,则阀 8 起不到自动开启车门的安全作用。

基本技能训练 认识与拆装二位五通电磁换向阀

一、实训目的

1）了解二位五通电磁换向阀的结构和工作原理。

2）正确认识电磁阀的性能参数。

二、任务描述

二位五通电磁换向阀如图6-5所示。拆装二位五通电磁换向阀,并掌握拆装操作要领和注意事项。

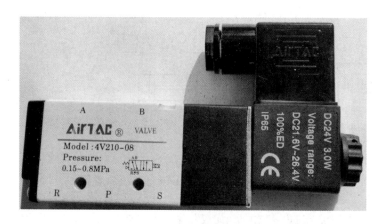

图6-5 二位五通电磁换向阀

三、主要实训器材

二位五通电磁换向阀、各种气动与液压系统拆装常用工具等。

四、要求与步骤

1. 正确识读电磁阀的铭牌

1）DC24 V 3.0 W表示电磁阀的额定工作电压为直流24 V,功率为3.0 W。

2) Voltage range:DC21.6 V~26.4 V 表示电磁阀的工作电压变化范围为 DC21.6~26.4 V。

3) 100%ED 表示电磁阀的通电保持率为 100%。

4) IP65 表示防护等级,防尘等级为 6,防水等级为 5。

5) P 表示气源进气孔,R、S 表示排气孔,A 与 B 表示出气孔与气缸相连。

2. 拆装要求

1) 选用合适规格的拆装工具,避免将螺钉头部结构损坏。

2) 按顺序拆卸零件,并按拆下零件的顺序摆放好,防止细小零件丢失。

3) 拆卸的零件要保持洁净,避免磕碰损伤,否则会使换向阀阀芯卡阻,导致换向失灵。

4) 装配时,应按拆卸的相反顺序进行。

3. 拆装操作步骤

拆卸步骤见表 6-2,装配步骤相反。

表 6-2 拆 卸 步 骤

步骤	示意图	操作说明
1		将压紧电磁线圈的螺母沿逆时针方向拧下,不需要扳手,以免损坏螺母,螺母材料为非金属
2		取下电磁阀的线圈
3		用组合螺丝刀中的十字头螺丝刀,将阀端盖上的两颗螺钉拧下,并取下端盖
4		松开先导阀阀芯

续表

步骤	示意图	操作说明
5		将先导阀阀芯的零件(弹簧和衔铁)取出
6		用十字头螺丝刀松开主阀的另一端(弹簧复位端的螺钉)
7		去掉弹簧复位端的端盖
8		取出主阀阀芯、密封圈、复位弹簧
9		装配过程与拆卸过程相反,特别要防止异物进阀内,保持清洁

五、安全注意事项

1)拆卸环境要求保持清洁,拆卸时,要慢慢松动螺钉,不能用力过猛。

2)不得用汽油等有机溶剂清洗零件,一般用气动元件生产厂家推荐的清洗剂;再用清水清洗后用干燥空气吹干,不可用棉丝、化纤品擦干;然后涂上生产厂家推荐的润滑脂,再进行装配。

3）装配密封圈时,注意保持密封圈清洁,为了方便安装,可在密封圈上涂上润滑脂。安装时,要防止沟槽的棱角处碰伤密封圈。

六、总结与思考

1）二位五通电磁换向阀的拆装要严格按步骤和规定进行,因为只有规范的操作才能保证拆装的质量。

2）观察二位五通电磁换向阀的结构,思考它是如何控制气流改变流向的,要弄清换向阀的工作过程。

3）通过二位五通电磁换向阀的拆装实训,想一想,三位五通电磁换向阀的拆装步骤和要求。

思考题与习题

6-1 在图 6-3 所示的工件夹紧气压传动系统中,工件夹紧的时间怎样调节?

6-2 气动控制的公共汽车门,采取了什么措施防止挤伤上车的乘客?

单元7
液压与气压传动系统的安装调试、维护及故障诊断

7.1 液压传动系统的安装调试、维护及故障诊断

要保证液压设备的正常运行,就必须正确合理地安装调试、使用和维护液压系统。

一、液压系统的安装与调试

液压系统由各液压元件经管道、管接头和油路(板或集成块)等有机地连接而成。因此,液压系统安装是否正确合理,对其工作性能有着重要影响。

1. 安装

(1)安装前的准备工作

液压系统在安装前应按有关技术资料做好准备工作。

1)技术资料的准备与熟悉。设备的液压系统图、电气原理图、管道布置图、液压元件及辅助元件清单和有关元件样本等技术资料,在安装前应备齐,并熟悉其内容与要求。

2)物质准备与质量检查。按液压系统图、液压元件和辅助元件清单进行物质准备,同时认真检查元件质量,对于仪表,必要时应重新进行校验,以保证其工作灵敏、准确和可靠。

(2)液压元件安装

液压元件安装时应注意以下几方面:

1)注意各油口的位置不能接错,不用的油口应堵上。

2)液压泵输入轴与原动机驱动轴的同轴度误差应控制在 $\phi0.1$ mm 以内。安装好后,用手转动时,应轻松无卡滞现象。

3)液压缸轴线与移动机构导轨面的平行度误差一般应控制在 0.1 mm 以内。安装好后,用手推拉工作台时,应灵活轻便无局部卡滞现象。

4）方向控制阀一般应保持轴线水平安装,蓄能器一般应保持轴线竖直安装。

5）各种仪表的安装位置应考虑便于观察和维修。

6）安装时应保持清洁,不准戴手套进行安装,不准用纤维织品擦拭结合面,以防纤维类脏物侵入阀内。

7）同一组紧固螺钉受力应均匀,各连接件要牢固可靠。

8）阀类元件安装完毕后,应使调压阀的调节手柄（螺钉）处于放松状态;流量阀的调节手柄（螺钉）应处于使阀关闭的状态;换向阀的阀芯位置应尽量处于原理图所示位置。

（3）液压管道安装

液压管道安装一般在所连接设备及液压元件安装完毕后进行,在管道正式安装前要进行配管试装。管道试装合适后,先编管号再将其拆下,以管道最高工作压力的 1.5~2 倍的试验压力进行耐压试验。试压合格后,可按脱脂液脱脂→水冲洗→酸洗液酸洗→水冲洗→中和液中和→钝化液钝化→水冲洗→干燥→喷涂防锈油（剂）的工序进行酸洗。酸洗后,即可转入正式安装。管道安装应注意以下几方面。

1）管道的布置要整齐,长度应尽量短,直角转弯应尽量少,同时应便于装拆、检修,不妨碍生产人员行走和设备运转。

2）管道外壁与相邻管件轮廓边缘的距离应大于 10 mm,长管道应用支架固定。

3）管道与设备、液压元件连接,不应使设备和液压元件承受附加外力。

4）管道连接时,不得用加热管道、加偏心垫或多层垫等强力对正方法来消除接口端面的空隙、偏差、错口或不同心等缺陷。

5）软管连接时,应避免急弯（最小弯曲半径应在 10 倍管径以上）;软管不应处于受拉状态,一般应有 4% 左右的长度余量;与管接头的连接处应有一段直线过渡部分,其长度不应小于管道外径的两倍;在静止或随机移动时,管道本身不得扭曲变形。

6）吸油管与液压泵吸油口处应密封良好;液压泵的吸油高度一般不应大于 500 mm;在吸油管口上应设置过滤器。

7）回油管口应尽量远离吸油管口而伸至距油箱底面两倍管径处;回油管口应切成 45°,且斜口向箱壁一侧;溢流阀的回油管不得和液压泵的吸油口连通,要单独接回油箱;凡外部有泄油口的阀（如减压阀、顺序阀、液控单向阀）,其泄油口与回油管相通时,不允许在总回油管上有背压,否则应单独设置泄油管通油箱。

8）管道安装间歇期间,各管口应严密封闭。

2. 清洗

新（或修理后）的液压设备,在液压系统安装好后,调试前应对管路和油箱等进行清洗,特别是经长期工作的液压系统,在换油时若未进行彻底清洗,则旧油中的胶质沉淀物和磨屑等一方面会加速新换油液氧化变质,另一方面会引起滑阀卡死和节流孔口堵塞等故障。一般情况下液压系统的清洗应分为两次进行,第一次主要清洗回路,第二次清洗整个液压系统。

（1）第一次清洗

先清洗油箱并用绸布擦净,然后注入油箱容量60%~70%的工作油或试车油,再按图7-1所示液压系统的清洗方法将溢流阀及其他阀的进油口处临时断开,将液压缸两端的管路直接连通,使换向阀处于某换向位置,在主回油管临时接入一过滤器。向液压泵内灌油,启动液压泵,并通过加热装置将油液加热到50~80 ℃进行清洗,清洗初期,回油路处的过滤器用80~100目的过滤网,当达到预定清洗时间的60%时,换用150目的过滤网。为提高清洗质量,换向阀可作一次换向,液压泵可作间歇运转,并在清洗过程中轻轻敲击油管。清洗时间

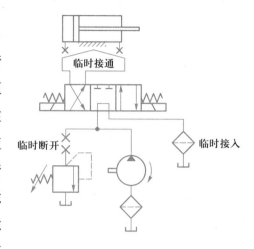

图 7-1　液压系统的清洗方法

视系统复杂程度、污染程度和所需过滤精度等具体情况而定,一般为十几小时。第一次清洗结束后,应将系统中的油液全部排出,然后再次清洗油箱并用绸布擦净。

（2）第二次清洗

先按正式工作油路接好,然后向油箱注入工作油液达到所需油量,再启动液压泵对系统各部分进行清洗。清洗时间一般为2~4 h。清洗结束时过滤器的过滤网上应无杂质。这次清洗后的油液可继续使用。

3. 液压系统的调试

新（或经过修理、维护、重新装配）的液压设备,在安装、清洗和精度检验合格之后,必须经过调试（即调整试车）才能投入使用。调试可使该系统在正常运行状态下满足生产工艺对它提出的各项要求,同时也可了解和掌握该系统的工作性能和技术状况。调试应有书面记载,以便作为该设备使用和维修的原始技术依据。调整试车一般不能截然分开,往往交替进行,调试的主要内容有单项调整、空载试车和负载试车等,调整多在安装、试车过程中进行,在使用过程中也随时进行一些项目的调整。下文仅介绍试车。

在试车之前应先检查电动机和电磁铁的电源是否符合要求,油箱中油液品种、黏度等级和油位是否合适,各液压元件的管道连接是否正确可靠,各液压元件安装是否牢靠,液压泵旋转方向是否正确,各压力控制阀的调压弹簧是否松开,各行程挡块位置是否合适,各仪表起始位置是否正确等。待各处按试车要求调整好之后,方可进行试车。

（1）空载试车

空载试车是在无负载运转的条件下,全面检查液压系统的各基本回路、液压元件及辅助元件的工作是否正常,工作循环或各种动作的自动转换是否符合要求。其步骤为:

1）从断续直至连续起动液压泵电动机,观察其旋转方向是否正确,有无异常噪声等,并观

察液压泵是否漏气。

2）液压泵在卸荷状态下，其卸荷压力是否在允许范围内。

3）调整压力控制阀，逐渐升高系统压力至规定值。系统压力调整应在运动部件处于停止或低速运动时进行；控制系统压力在主系统压力调好之后进行调整；润滑系统压力和流量调整时应注意润滑油量不宜过多（过多易使运动部件浮动而影响运动精度），亦不能过少（过少易引起运动部件低速爬行）。压力调整好后，应将压力计关闭，以防其损坏。

4）将排气装置打开，使运动部件速度由低到高，行程由小至大运行，然后运动部件全程快速往复运动，以排除系统内的空气，空气排尽后应将排气装置关闭。

5）检查各管道连接处、液压元件结合面及密封处是否存在泄漏。

6）运动部件动作后，由于大量油液进入系统内，油箱的油液减少，若油液不足应及时补油，使系统工作时油面的高度始终保持在油标指示位置。

7）调整挡块及死挡铁的位置，使各运动部件在空载条件下按预定的工作循环或动作顺序动作，检查各动作的协调和顺序的正确性，以及启动、换向和换速的平稳性。应特别注意爬行和液压冲击现象。

8）一般空载试车 2~4 h 后，应检查油温及液压系统所要求的精度（如换向、定位和停留），一切正常后，方可进行负载试车。

（2）负载试车

负载试车是使液压系统按设计要求在预定的负载下工作。通过负载试车检查系统能否实现预定的工作要求（如工作部件的力、转矩）；检查噪声和振动是否在允许范围内；检查运动部件运动、换向和换速的平稳性，有无爬行和冲击现象；检查安全保护装置的工作可靠性；检查功率损耗情况和连续工作一段时间后的油温；检查各液压元件及管道的泄漏情况。

负载试车，一般先在低于最大负载和速度一、二级情况下试车，如一切正常，再进行最大负载和速度的试车，以免试车时损坏设备。若试车检查系统工作正常，即可投入使用。

二、液压系统故障诊断

液压设备是由机械、液压、电气及仪表等装置有机地组合成的统一体，液压系统又是由各种基本回路和元件组成的统一体。但是，液压系统中，各种元件和辅助机构及油液大都在封闭的壳体和管道内，不像机械传动那样可直接从外部观察，测量方面又不如电气系统方便。而且液压元件均在润滑充分的条件下工作，系统均有过载保护装置（安全阀等），很少发生金属零件破坏、严重磨损等现象，因此在出现故障时，往往要用比较多的时间寻找故障原因，排除故障也比较麻烦。一般情况下，任何故障在演变为大故障之前都会伴随有种种不正常的征兆，如出现不正常的声音、工作机构速度下降、无力或不动作、油箱液面下降、油液变质、外泄漏加剧、出现油温过高现象、管路损伤、松动及振动、出现糊焦气味等。以上现象,只要留意,可通过肉眼观察,手的触摸,鼻的嗅等发现。因此在分析故障之前必须弄清液压系统的工作原理、结构特点与机械、电气的关系,然后根据故障现象进行调查分析,缩小可疑范围,确定故障区域、部位,直至某个液压元件。

1. 故障诊断步骤与方法

（1）故障诊断步骤

1）熟悉性能和资料。在查找故障原因之前要了解设备的性能,熟悉液压系统的工作原理及每个组成元件的作用。

2）调查情况。向操作者询问出现故障前后系统的工作状况及异常现象,产生故障的部位和故障现象,同时了解过去这类故障的排除经过。

3）现场观察。若设备还能启动运行,应当亲自启动设备,操纵有关控制部分,观察故障现象,查找故障原因。

4）查阅技术档案。查阅设备技术档案中与本次故障相似的历史记载。

5）归纳分析。对现场观察到的情况、操作者提供的情况及历史资料进行综合分析,找出产生故障的可能原因。

6）组织实施。在摸清情况的基础上,制订切实可行的排除措施,并组织实施。

7）总结经验。对故障经过分析予以排除,这些经验都应进行总结,积累维修工作实际经验是开展故障诊断的重要手段。

8）纳入设备技术档案。将本次故障的现象、部位及排除方法作为历史资料纳入设备技术档案,以便今后查阅。

（2）故障诊断方法

设备故障诊断,一般可分为简易诊断和精密诊断。

1）简易诊断,又称为主观诊断法,它是靠维修人员利用简单的诊断仪器和个人实际经验对液压系统的故障进行诊断,判别产生故障的原因和部位,这是最常用的方法。主观诊断法可概括如下。

① 看。用视觉来判别液压系统的工作是否正常。看运动部件运动速度有无变化和异常现象;看油液是否清洁和变质,油量是否满足要求,黏度是否合适,油面是否有泡沫等;看各管接头、结合面、液压泵轴伸出处和液压缸活塞杆伸出处是否泄漏;看运动部件有无爬行现象,各组成元件有无振动现象;看加工出的产品质量。

② 听。用听觉来判别液压系统的工作是否正常。听液压泵和系统工作时的噪声是否过大,溢流阀等元件是否有尖叫声;听液压缸换向时冲击声是否过大,是否有活塞撞击缸盖的声音;听回路板或集成块内是否有微细而连续不断的泄漏声。

③ 摸。用触觉来判别液压系统的工作是否正常。摸泵体、阀体和油箱外壁的温度,若接

触 2 s 就感到烫手,应检查原因;摸运动部件、管道和压力阀等的振动,若感觉到有高频振动,应查找原因;摸运动部件低速运动时的爬行;摸挡块、电气行程开关和行程阀等的紧固螺钉是否松动。

④ 嗅。用嗅来判别油液是否发臭变质。

⑤ 阅。查阅设备技术档案中有关的故障分析与修理记录;查阅点检和定检卡;查阅交接班记录及维护保养记录。

⑥ 问。询问设备操作者,了解设备平时的运行情况。问什么时候换的油,什么时候清洗或换过滤芯;问液压泵有无异常现象;问发生事故前调压阀和流量阀是否调节过,有哪些异常现象;问发生事故前密封件或液压元件是否更换过;问发生事故前后出现过哪些不正常现象;问过去常出现哪些故障,是怎样排除的。

总之,对所有客观情况都全面了解之后,才能判别产生故障的原因和部位。这种诊断方法因不同人的感觉不同,判断能力的差异和实际经验的不同,其结果会有差别,所以主观诊断法只能给出简单的定性结论。为了弄清液压系统产生故障的原因,有时还需要停机拆卸某些液压元件并对其进行定量测试。

2) 精密诊断又称为客观诊断法,它常在主观诊断法的基础上对有疑问的异常现象,采用各种检测仪器进行定量测试分析,从而找出故障原因和部位。对于重要的液压设备可进行运行状态监测和故障早期诊断,在故障的萌芽阶段就作出诊断,显示故障部位和程度并发出警报,以便早期处理和维修,避免故障突然发生而造成恶劣后果。状态监测和故障早期诊断是一个问题的两个方面,也是两个关键。状态监测靠硬件,通过不同的传感器、放大器等硬件把液压系统运行中必要的物理量(如压力、速度、噪声、振动、液压油的温度和污染程度等)采集起来送到计算机实时处理,作出判断(诊断),诊断要靠软件,即专家系统。各种液压系统状态监测用的硬件基本相同,但作出诊断用的专家系统却因液压系统不同而异。

2. 查定故障部位的方法

为了修理工作能够迅速而有效地完成,查定故障部位和作出正确诊断是很重要的。对故障原因的分析,排除与此无关的区域和因素,逐步把目标缩小到某个基本回路或元件,是行之有效的方法。查定故障部位的方法通常有方框图法、因果图法、逻辑流程图法和液压系统图法等,在此以图 3-1 所示 1HY40 型动力滑台液压系统为例,介绍用液压系统图查定故障部位的方法。

(1) 滑台能向前运动但到达终点后不能快速退回的故障原因

1) 压力继电器 KP 及所控制的时间继电器的电路有故障。

2) 电磁铁 2YA 有故障。

3) 电液换向阀 4 的先导阀阀芯因配合间隙过小或油液过脏而卡死,先导阀对中弹簧太硬。

4) 电液换向阀 4 的液动阀阀芯因配合间隙过小、阀芯阀孔拉毛、油液过脏等而卡死。

5）电液换向阀 4 的左节流阀关闭或堵塞。

6）压力继电器 KP 的动作压力调整过高或泵 2 截止压力调整过低。

（2）滑台工进时推力不足或根本无输出力的故障原因

1）泵 2 的截止压力调节过低。

2）液控顺序阀 11 的调定压力过高，工进时未断开液压缸的差动连接。

3）调速阀 8、9 的节流阀口被堵死。

4）调速阀 8、9 的定差减压阀工作不正常或在关闭位置卡死。

5）液压缸内密封件损坏和老化，失去密封作用而使两腔相通。

6）背压阀 12 的背压力调节过高。

（3）滑台换向时产生冲击的原因

1）电液换向阀 4 的换向时间调得太短。

2）电液换向阀 4 的节流阀结构不良，调节性能差。

3）电液换向阀 4 的节流阀时堵时通。

4）电液换向阀 4 的单向阀密封性不良。

5）系统压力太高。

3. 液压系统的故障分析和排除方法

在使用液压设备时，液压系统可能会出现的故障是多种多样的。这些故障有的是由某一液压元件失灵而引起的；有的是系统中多个液压元件的综合性因素造成的；有的是因为液压油被污染造成的。即使是同一个故障现象，产生故障的原因也不一样，特别是现在的液压设备都是机械、液压、电气甚至微型计算机的共同组合体，产生故障更是多方面的。因此，在排除故障时，必须对引起故障的因素逐一分析，注意到其内在联系，认真分析故障内部规律，找出主要原因，掌握正确的排除方法。

在确定了液压系统故障部位和产生故障的原因之后，应本着"先外后内""先调后拆""先洗后修"的原则，制订出修理工作的具体措施。液压系统常见故障产生原因及排除方法见表 7-1～表 7-6。

表 7-1　运动部件换向时的故障及其排除方法

故障	原因	排除方法
换向有冲击	1）活塞杆与运动部件连接不牢固 2）不在缸端部换向，缓冲装置不起作用 3）电液换向阀中的节流螺钉松动 4）电液换向阀中的单向阀卡住或密封不良	1）检查并紧固连接螺栓 2）在油路上设背压阀 3）检查、调节节流螺钉 4）检查及修研单向阀

续表

故障	原因	排除方法
换向冲击量大	1）节流阀口有污物,运动部件速度不均 2）换向阀芯移动速度变化 3）油温高,油的黏度下降 4）导轨润滑油量过多,运动部件"漂浮" 5）系统泄漏油多,进入空气	1）清洗流量阀节流口 2）检查电液换向阀节流螺钉 3）检查油温升高的原因并排除 4）调节润滑油压力或流量 5）严防泄漏,排除空气

表 7-2 系统产生噪声的原因及其排除方法

故障	原因	排除方法
液压泵吸空引起连续不断的嗡嗡声并伴随杂声	1）液压泵本身或其进油管路密封不良、漏气 2）油箱油量不足 3）液压泵进油管口滤油器堵塞 4）油箱不透空气 5）油液黏度过大	1）拧紧泵的连接螺栓及管路各管螺母 2）将油箱油量加至油标处 3）清洗滤油器 4）清理空气滤清器 5）油液黏度应合适
液压泵故障造成杂声	1）轴向间隙因磨损而增大,输油量不足 2）泵内轴承、叶片等元件损坏或精度变差	1）修磨轴向间隙 2）拆开检修并更换已损坏零件
控制阀处发出有规律或无规律的吱嗡、吱嗡的刺耳噪声	1）调压弹簧永久变形、扭曲或损坏 2）阀座磨损、密封不良 3）阀芯拉毛、变形、移动不灵活甚至卡死 4）阻尼小孔被堵塞 5）阀芯与阀孔配合间隙大,高低压油互通 6）阀开口小、流速高、产生空穴现象	1）更换弹簧 2）修研阀座 3）修研阀芯、去毛刺,使阀芯移动灵活 4）清洗、疏通阻尼孔 5）研磨阀孔,重配新阀芯 6）应尽量减小进、出口压差
机械振动引起噪声	1）液压泵与电动机安装不同轴 2）油管振动或互相撞击 3）电动机轴承磨损严重	1）重新安装或更换柔性联轴器 2）适当加设支承管夹 3）更换电动机轴承
液压冲击声	1）液压缸缓冲装置失灵 2）背压阀调整压力变动 3）电液换向阀端的单向节流阀故障	1）进行检修和调整 2）进行检查、调整 3）调节节流螺钉、检修单向阀

表 7-3　系统运转不起来或压力提不高的原因及其排除方法

故障部位	原因	排除方法
液压泵 电动机	1）电动机线接反 2）电动机功率不足,转速不够高	1）调换电动机接线 2）检查电压、电流大小,采取措施
液压泵	1）泵进、出油口接反 2）泵轴向、径向间隙过大 3）泵体缺陷造成高、低压腔互通 4）叶片泵叶片与定子内面接触不良或卡死 5）柱塞泵柱塞卡死	1）调换吸、压油管位置 2）检修液压泵 3）更换液压泵 4）检修叶片及修研定子内表面 5）检修柱塞泵
控制阀	1）压力阀主阀阀芯或锥阀阀芯卡死在开口位置 2）压力阀弹簧断裂或永久变形 3）某阀芯泄漏严重以致高、低压油路连通 4）控制阀阻尼孔被堵塞 5）控制阀的油口接反或接错	1）清洗、检修压力阀,使阀芯移动灵活 2）更换弹簧 3）检修阀,更换已损坏的密封件 4）清洗、疏通阻尼孔 5）检查并纠正接错的管路
液压油	1）黏度过高,吸不进或吸不足油 2）黏度过低,泄漏太多	1）用指定黏度的液压油 2）用指定黏度的液压油

表 7-4　运动部件速度达不到或不运动的原因及其排除方法

故障部位	原因	排除方法
控制阀	1）流量阀的节流小孔被堵塞 2）互通阀卡住在互通位置	1）清洗、疏通节流孔 2）检修互通阀
液压缸	1）装配精度或安装精度超差 2）活塞密封圈损坏、缸内泄漏严重 3）间隙密封的活塞、缸壁磨损过大,内泄漏多 4）缸盖处密封圈摩擦力过大 5）活塞杆处密封圈磨损严重或损坏	1）检查、保证达到规定的精度 2）更换密封圈 3）修研缸内孔,重配新活塞 4）适当调松压盖螺钉 5）调紧压盖螺钉或更换
导轨	1）导轨无润滑油或润滑不充分,摩擦阻力大 2）导轨的楔铁、压板调得过紧	1）调节润滑油量和压力,使润滑充分 2）重新调整楔铁、压板,使松紧合适

表 7-5 运动部件产生爬行的原因及其排除方法

故障部位	原因	排除方法
控制阀	流量阀的节流口处有污物,通油量不均匀	检修或清洗流量阀
液压缸	1)活塞式液压缸端盖密封圈压得太死 2)液压缸中进入的空气未排净	1)调整压盖螺钉(不漏油即可) 2)排气
导轨	1)接触精度不好,摩擦力不均匀 2)润滑油不足或选用不当 3)温度高使油黏度变小、油膜破坏	1)检修导轨 2)调节润滑油量,选用适合的润滑油 3)检查油温高的原因并排除

表 7-6 工作循环不能正确实现的原因及应采取的措施

故障	原因	排除方法
液压回路间互相干扰	1)同一个泵供油的各液压缸压力、流量差别大 2)主油路与控制油路用同一泵供油,当主油路卸荷时,控制油路压力太低	1)改用不同泵供油或用控制阀(单向阀、减压阀、顺序阀等)使油路互相干扰 2)在主油路上设控制阀,使控制油路始终有一定压力,能正常工作
控制信号不能正确发出	1)行程开关、压力继电器开关接触不良 2)某元件的机械部分卡住(如弹簧、杠杆)	1)检查及检修各开关接触情况 2)检修有关机械结构部分
控制信号不能正确执行	1)电压过低,弹簧过软或过硬使电磁阀失灵 2)行程挡块位置不对或未紧牢固	1)检查电路的电压,检查电磁阀 2)检查挡块位置并将其紧固

三、液压系统的使用与维护

1. 使用、维护要求

为了保证液压系统达到预定的生产能力和稳定可靠的技术性能,在使用、维护时应有下列要求:

1)合理地调整系统压力和速度,当压力控制阀和流量控制阀调整到符合要求后,锁紧调节手柄。

2)合理地选用液压油,在加油前必须将油液过滤。应注意新旧油液不能混合使用。

3）油液的工作温度一般应控制在 35~55 ℃范围内。

4）为保证电磁阀正常工作,电压波动值不应超过额定电压的+5%~−15%。

5）不准使用有缺陷的压力计,更不能在无压力计的情况下工作或调整。

6）不能带"病"工作,以免引起大事故。

7）经常检查和定期紧固管接头、法兰等以防松动,高压软管要定期更换。

8）经常观察蓄能器工作状况,若发现气压不足或油气混合,应及时充气或修理。

2. 操作、维护规程

液压设备的操作、维护,除应满足一般机械设备的维护要求外,还有它的特殊要求,内容如下:

1）熟悉设备所用的主要液压元件的作用、液压系统工作原理和执行元件动作顺序。

2）经常监视系统工作状况(如压力和速度)。

3）在开动设备之前,应检查所有运动机构及电磁阀是否处于原始状态,油箱的油位是否符合要求。若发现异常或油量不足,不能启动液压泵。

4）停机 4 h 以上,再开始工作时,应先起动液压泵驱动电动机使泵空载运转 5~10 min,然后才能开始工作。

5）不准用手推动电磁阀或任意移动各挡块的位置。

6）未经主管部门同意,不准私自拆卸和更换液压元件。

7）保持清洁,防止灰尘、冷却液、切屑和棉纱等杂物侵入油箱。

8）操作者要按设备点检卡规定的部位和项目认真进行点检。

3. 点检与定检

点检是设备维修的基础工作之一。液压系统的点检,是按规定的点检项目,核查系统是否完好、工作是否正常。通过点检可为设备维修提供第一手资料,以便确定修理项目,编制检修计划,并可从这些资料中找出液压系统产生故障的规律,以及油液、密封件及液压元件的使用寿命和更换周期等。

点检分为两种,即由操作者执行的日常点检和定期检查(定检)。定检是指间隔期在一个月以上的点检,一般是在停机后由设备管理人员检查。液压系统点检的内容有:

1）各液压阀、液压缸及管接头处是否有外泄漏。

2）液压泵或马达运转时是否有异常噪声。

3）液压缸移动是否正常平稳。

4）各测压点压力是否在规定范围内,是否稳定。

5）油温是否在允许范围内。

6）系统工作时有无高频振动。

7）换向阀工作是否灵敏可靠。

8）油箱内油量是否在油标刻线范围内。

9）电气行程开关或挡块的位置是否变动。

10）系统手动或自动工作循环时是否有异常现象。

11）定期从油箱内取样化验,检查油液质量。

12）定期检查蓄能器工作性能。

13）定期检查冷却器和加热器工作性能。

14）定期检查和紧固重要部位的螺钉、螺母、管接头和法兰等。

检查结果用规定符号记入点检卡,以作为技术资料归档。

4. 定期维护

液压系统能否正常工作,定期维护十分重要,其内容如下:

1）定期紧固。中压以上的液压系统,其管接头、法兰螺钉、液压缸固定螺钉、蓄能器的连接管路、电气行程开关和挡块固定螺钉等,应每月紧固一次。对于中压以下的系统,可三个月紧固一次。

2）定期更换密封件。定期更换密封件是液压系统维护工作的主要内容之一,应根据具体使用条件制订更换周期,并将周期表纳入设备技术档案。更换周期一般为一年半左右。

3）定期清洗或更换液压元件。对于工作环境较差的铸造设备,液压阀一般每三个月清洗一次,液压缸一般每半年清洗一次;若工作环境较好,液压元件清洗周期可适当延长。在清洗液压元件的同时应更换密封件,装配后应对元件主要技术参数进行测试,达到使用要求再进行安装。

4）定期清洗或更换滤芯。一般液压设备上的过滤器滤芯两个月左右清洗一次,而铸造设备则一个月左右清洗一次。

5）定期换油与清洗系统。新投入使用的液压系统,使用三个月左右即应清洗油箱、管道系统和更换新油,以后一般累计工作 1 000 h 进行一次。若工况条件差,可适当缩短周期,间断使用的系统一般以半年至一年为周期。

5. 液压油的污染与控制

随着科学技术的发展,对液压系统工作的灵敏性、稳定性、可靠性和寿命提出了越来越高的要求,而油液的污染会影响系统的正常工作和使用寿命,甚至引起设备事故。据统计,由于油液污染引起的故障占总故障的 70%~80%,可见要保证液压系统工作灵敏、稳定、可靠和延长液压元件使用寿命,就必须控制油液的污染。

（1）液压油污染的原因

1）潜藏在液压元件和管道内的污染物。液压元件在装配前,零件未去毛刺和未经严格清洗,铸造型砂、切屑、灰尘等杂物潜藏在元件内部;液压元件在运输过程中油口堵塞被碰掉,因而在库存及运输过程中侵入灰尘和杂物;安装前未将管道和管接头内部的水锈、焊渣和氧化皮等杂物冲洗干净。

2）液压油工作期间所产生的污染物。油液氧化变质产生的胶质和沉淀物；油液中的水分在工作过程中使金属腐蚀形成的水锈；液压元件因磨损而形成的磨屑；油箱内壁上的底漆老化脱落形成的漆片等。

3）外界侵入的污染物。油箱防尘性差，容易侵入灰尘、切屑和杂物；油箱没有设置清理箱内污物的窗口，造成油箱内部难清理或无法清理干净；切削液混进油箱，使油液严重乳化或掺进切屑；维修过程中不注意清洁，将杂物带入油箱或管道内等。

4）管理不严。新液压油质量未检验；未清洗干净的桶用来装新油，使油液变质；未建立液压油定期取样化验的制度；换新油时，未清洗干净管路和油箱；管理不严，库存油液品种混乱，将两种不能混合使用的油液混合使用。

（2）液压油被污染的危害

油液污染会使系统工作灵敏性、稳定性和可靠性降低，液压元件使用寿命缩短。具体危害如下：

1）污染物使节流孔口和压力控制阀的阻尼孔时堵时通，引起系统压力和速度不稳定，动作不灵敏。

2）污染物会导致液压元件磨损加剧，内泄漏增大，使用寿命缩短。

3）污染物会加速密封件的损坏、缸筒或活塞杆表面的拉伤，引起液压缸内外泄漏增大，推力降低。

4）污染物会将阀芯卡住，使阀动作失灵，引起故障。

5）污染物会将过滤器堵塞，使泵吸油困难，引起空穴现象，导致噪声增大。

6）污染物会使油液氧化速度加快，寿命缩短，润滑性能下降。

（3）控制液压油污染的措施

为确保液压系统工作正常、可靠、故障少和寿命长的要求，必须采取有效措施控制液压油的污染。

1）控制液压油的工作温度。对于矿物液压油，当油温超过 55 ℃ 时，其氧化加剧，使用寿命大幅度缩短。当矿物液压油温度超过 55 ℃ 时，油温每升高 9 ℃，其使用寿命将缩减一半，可见必须严格控制油温才能有效地控制油液的氧化变质。

2）合理选择过滤器精度。过滤器的过滤精度一般按液压系统中对过滤精度要求最高的液压元件来选择。

3）加强现场管理。加强现场管理是防止外界污染物侵入系统和滤除系统污染物的有效措施。现场管理主要项目有：

① 检查油液的清洁度。设备管理部门在检查设备的清洁度时，应同时检查液压系统油液、油箱和过滤器的清洁度，若发现油液污染超标，应及时换油或过滤处理。

② 建立液压系统一级维护制度。设备管理部门在制订一级维护内容时,应有液压系统方面的具体维护内容,如油箱内外应清洗干净,过滤器滤芯要清洗或更换,油液要过滤或更换等。

③ 定期对油液取样化验。对于已经规定了换油周期的液压设备,可在换油前一周取样;对于新换油液,经过 1 000 h(对企业中的精密、大型、稀有、重要设备为 600 h)连续工作后,应取样化验。

④ 定期清洗滤芯、油箱和管道。控制油液污染的另一个有效方法是定期清洗去除滤芯、油箱、管道及元件内部的污垢。在拆装元件、管道时要特别注意清洁,对所有油口在清洗后都要有堵塞或塑料布密封,以防脏物侵入。

⑤ 油液过滤。过滤是控制油液污染的重要手段,它是一种强迫分离出油液中杂质颗粒的方法。油液经过多次强迫过滤,能使杂质颗粒控制在要求的范围内。一般情况下,金属切削机床液压系统强迫过滤油液的周期为 500 h,铸、锻设备为 200~300 h,一般设备为 1 000 h 左右。

4)加强油品管理。加强液压油的管理是控制油液污染和保证系统正常工作的又一重要环节。建立液压设备"用油卡",在设备档案中明确记载本设备所用的油液品种、黏度等级、用油量和换油情况;建立新油入库化验制度;建立库存油品的定期取样化验制度;建立油品的保管制度;建立三过滤制度,即转桶过滤、领用过滤和向设备加油过滤;建立容器清洗制度等。

5)改进油箱结构。油箱的作用是储油、散热、分离油液中的杂质和空气。但是,目前使用的油箱很大一部分存在许多缺点,如容易侵入灰尘、切屑、切削液和废油等。改进结构时应考虑:

① 在油箱内部设置滤网式隔板,将吸油管与回油管隔开,使流回油箱的油液经过滤网式隔板后再流入吸油侧。

② 油箱盖要封闭严密,灰尘和切屑等杂物不得进入油箱内,液压泵的吸油管和所有插入油箱内的回油管在通过箱盖处要密封。

③ 在油箱的注油口应设置空气过滤器,注油时不准将滤网取下注油,应先将滤网清洗干净后再注油。注油完毕后应将盖子盖好,盖子上的通气孔应经常清洗,使其通畅,确保液压泵吸油正常。

④ 在油箱盖上部安装的元件或管接头,若有外泄漏油,不准流入油箱内使用,应将其引出处理。

⑤ 改进或完善液压系统的过滤系统。过滤器是滤出油液中杂质颗粒的元件,若过滤器的选用、安装不当就起不到应有的滤除效果。因此,不仅要合理选用过滤精度,还要合理地确定过滤器安装位置。

7.2　气压传动系统的安装调试、维护及故障诊断

一、气压传动系统的安装

1. 管道的安装

1）安装前要检查管道内壁是否光滑，并进行除锈和清洗。

2）管道支架要牢固，工作时不得产生振动。

3）装紧各处接头，管路不允许漏气。

4）管道焊接应符合规定标准的要求。

5）管路系统中任何一段管道均可自由拆装。

6）管道安装的倾斜度、弯曲半径、间距和坡向均要符合有关规定。

2. 元件的安装

1）安装前应对元件进行清洗，必要时要进行密封试验。

2）各类阀体上的箭头方向或标记，要符合气流流动方向。

3）动密封圈不要装得太紧，尤其是 U 形密封圈，否则阻力过大。

4）移动缸的中心线与负载作用力的中心线要同心，否则会引起侧向力，使密封件加速磨损，活塞杆弯曲。

5）各种自动控制仪表、自动控制器、压力继电器等，在安装前应进行校验。

二、气动系统的调试

1. 调试前的准备工作

1）要熟悉说明书等有关技术资料，力求全面了解系统的原理、结构、性能及操纵方法。

2）了解需要调整的元件在设备上的实际位置、操纵方法及调节旋钮的旋向等。

3）准备好调试工具及仪表。

2. 空载试运行

空载试运行不得少于 2 h，注意观察压力、流量、温度的变化。

3. 负载试运行

负载试运行应分段加载，运转不得少于 3 h，分别测出有关数据，记入试运行记录。

三、气动系统的使用、维护

气动系统的使用与维护分为日常维护、定期检查及系统大修。还应考虑安全与环保,具体应注意以下几个方面:

1）日常维护需对冷凝水和系统润滑进行管理。

2）启动前后要放掉系统中的冷凝水。

3）定期给油雾器加油。

4）随时注意压缩空气的清洁度,对分水滤气器的滤芯要定期清洗。

5）开车前检查各调节旋钮是否在正确位置,行程阀、行程开关、挡块的位置是否正确、牢固。对活塞杆、导轨等外露部分的配合表面进行擦拭后方能启动。

6）长期不使用时,应将各旋钮放松,以免弹簧失效而影响元件的性能。

7）间隔三个月需定期检修,一年应进行大修。

8）对受压容器应定期检验,漏气、漏油、噪声等要进行防治。

四、气动系统的故障诊断

1. 故障种类

由于故障发生的时期不同,故障的内容和原因也不同,可将故障分为初期故障、突发故障和老化故障。

1）初期故障。在调试阶段和开始运转的二、三个月内发生的故障称为初期故障。

2）突发故障。系统在稳定运行时期内突然发生的故障称为突发故障。

3）老化故障。个别或少数元件达到使用寿命后发生的故障称为老化故障。

2. 故障的诊断方法

1）经验法。主要是依靠实际经验。并借助简单的仪表,诊断故障发生的部位,找出故障原因的方法,称为经验法。

2）推理分析法。利用逻辑推理、步步逼近,寻找出故障的真实原因的方法称为推理分析法。

3. 常见故障及其排除方法

气动系统常见故障、原因及排除方法见表7-7~表7-12。

表 7-7　减压阀常见故障及其排除方法

故障	原因	排除方法
二次压力上升	1）阀弹簧损坏 2）阀座有伤痕,阀座橡胶剥离 3）阀体中夹入灰尘,阀导向部分黏附异物 4）阀芯导向部分和阀体的 O 形密封圈收缩、膨胀	1）更换阀弹簧 2）更换阀体 3）清洗、检查过滤器 4）更换 O 形密封圈
压力降很大（流量不足）	1）阀口径小 2）阀下部积存冷凝水;阀内混入异物	1）使用口径大的减压阀 2）清洗、检查过滤器
向外漏气（阀的溢流孔处泄漏）	1）溢流阀座有伤痕（溢流式） 2）膜片破裂 3）二次压力升高 4）二次侧背压增加	1）更换溢流阀座 2）更换膜片 3）参看二次压力上升栏 4）检查二次侧的装置回路
异常振动	1）弹簧的弹力减弱,弹簧错位 2）阀体的中心,阀杆的中心错位 3）因空气消耗量周期变化使阀不断开启、关闭,与减压阀引起共振	1）把弹簧调整到正常位置,更换弹力减弱的弹簧 2）检查并调整位置偏差 3）和制造厂协商
虽已松开手柄,二次侧空气也不溢流	1）溢流阀座孔堵塞 2）使用非溢流式调压阀	1）清洗并检查过滤器 2）非溢流式调压阀松开手柄也不溢流,因此需要在二次侧安装溢流阀
阀体泄漏	1）密封件损伤 2）弹簧松弛	1）更换密封件 2）调整弹簧刚度

表 7-8　溢流阀常见故障及其排除方法

故障	原因	排除方法
压力虽已上升,但不溢流	1）阀内部孔堵塞 2）阀芯导向部分进入异物	清洗
压力虽没有超过设定值,但在二次侧溢出空气	1）阀内进入异物 2）阀座损伤 3）调压弹簧损坏	1）清洗 2）更换阀座 3）更换调压弹簧

续表

故障	原因	排除方法
溢流时发生振动(主要发生在膜片式阀,其启闭压力差较小)	1)压力上升速度很慢,溢流阀放出流量多,引起阀振动 2)因从压力上升源到溢流阀之间被节流,阀前部压力上升慢而引起振动	1)二次侧安装针阀微调溢流量,使其与压力上升量匹配 2)增大压力上升源到溢流阀的管道口径
从阀体和阀盖向外漏气	1)膜片破裂(膜片式) 2)密封件损伤	1)更换膜片 2)更换密封件

表 7-9　方向控制阀常见故障及其排除方法

故障	原因	排除方法
不能换向	1)阀的滑动阻力大,润滑不良 2)O形密封圈变形 3)粉尘卡住滑动部分 4)弹簧损坏 5)阀操纵力小 6)活塞密封圈磨损	1)进行润滑 2)更换密封圈 3)清除粉尘 4)更换弹簧 5)检查阀操作部分 6)更换密封圈
阀产生振动	1)空气压力低(先导型) 2)电源电压低(电磁阀)	1)提高操纵压力,采用直动型 2)提高电源电压,使用低电压线圈
交流电磁铁有蜂鸣声	1)块状活动铁心密封不良 2)粉尘进入块状、层叠型铁心的滑动部分,使活动铁心不能密切接触 3)层叠活动铁心的铆钉脱落,铁心叠层分开不能吸合 4)短路环损坏 5)电源电压低 6)外部导线拉得太紧	1)检查铁心接触和密封性,必要时更换铁心组件 2)清除粉尘 3)更换活动铁心 4)更换固定铁心 5)提高电源电压 6)引线座宽裕

续表

故障	原因	排除方法
电磁铁动作时间偏差大,或者有时不能动作	1）活动铁心锈蚀,不能移动。在湿度高的环境中使用气动元件时,由于密封不完善而向磁铁部分泄漏空气 2）电源电压低 3）粉尘等进入活动铁心的滑动部分,使运动状况恶化	1）铁心除锈,修理好对外部的密封,更换铁心组件 2）提高电源电压或使用符合电压的线圈 3）清除粉尘
线圈烧毁	1）环境温度高 2）快速循环使用时 3）因为吸引时电流人,单位时间耗电多,温度升高,使绝缘损坏而短路 4）粉尘夹在阀和铁心之间,不能吸引活动铁心 5）线圈上残余电压	1）按产品规定温度范围使用 2）使用高级电磁阀 3）使用气动逻辑回路 4）清除粉尘 5）使用正常电源电压,使用符合电压的线圈
切断电源活动铁心不能退回	粉尘夹入活动铁心滑动部分	清除粉尘

表 7-10　气缸常见故障及其排除方法

故障	原因	排除方法
外泄漏 1）活塞杆与密封衬套间漏气 2）气缸体与端盖间漏气 3）从缓冲装置的调节螺钉处漏气	1）衬套密封圈磨损,润滑油不足 2）活塞杆偏心 3）活塞杆有伤痕 4）活塞杆与密封衬套的配合面内有杂质 5）密封圈损坏	1）更换衬套密封圈 2）重新安装,使活塞杆不受偏心负荷 3）更换活塞杆 4）除去杂质、安装防尘盖 5）更换密封圈

故障	原因	排除方法
内泄漏 活塞两端串气	1）活塞密封圈损坏 2）润滑不良,活塞被卡住 3）活塞配合面有缺陷,杂质挤入密封圈	1）更换活塞密封圈 2）重新安装,使活塞杆不受偏心负荷 3）缺陷严重者更换零件,除去杂质
输出力不足, 动作不平稳	1）润滑不良 2）活塞或活塞杆卡住 3）气缸体内表面有锈蚀或缺陷 4）进入了冷凝水、杂质	1）调节或更换油雾器 2）检查安装情况,清除偏心,视缺陷大小再决定排除故障办法 3）加强对分水滤气器和油水分离器的管理 4）定期排放污水
缓冲效果不好	1）缓冲部分的密封圈密封性能差 2）调节螺钉损坏 3）气缸速度太快	1）更换密封圈 2）更换调节螺钉 3）研究缓冲机构的结构是否合适
损伤 1）活塞杆折断 2）端盖损坏	1）有偏心负荷 2）摆动气缸安装销的摆动面与负荷摆动面不一致;摆动轴销的摆动角过大,负荷很大,摆动速度又快 3）有冲击装置的冲击加到活塞杆上;活塞杆承受负荷的冲击;气缸的速度太快 4）缓冲机构不起作用	1）调整安装位置,清除偏心,使轴销摆角一致 2）确定合理的摆动速度 3）冲击不得加在活塞杆上,设置缓冲装置 4）在外部或回路中设置缓冲机构

表 7-11 分水滤气器常见故障及其排除方法

故障	原因	排除方法
压力降过大	1）使用过细的滤芯 2）过滤器的流量范围太小 3）流量超过过滤器的容量 4）过滤器滤芯网眼堵塞	1）更换适当的滤芯 2）更换流量范围大的过滤器 3）更换大容量的过滤器 4）用净化液清洗(必要时更换)滤芯

续表

故障	原因	排除方法
从输出端逸出冷凝水	1）未及时排出冷凝水 2）自动排水器发生故障	1）养成定期排水习惯或安装自动排水器 2）修理（必要时更换）
输出端出现异物	1）过滤器滤芯破损 2）滤芯密封不严 3）用有机溶剂清洗塑料件	1）更换滤芯 2）更换滤芯的密封，紧固滤芯 3）用清洁的热水或煤油清洗
塑料水杯破损	1）在有有机溶剂的环境中使用 2）空气压缩机输出某种焦油 3）压缩机从空气中吸入对塑料有害的物质	1）使用不受有机溶剂侵蚀的材料（如使用金属杯） 2）更换空气压缩机的润滑油，使用无油压缩机 3）使用金属杯
漏气	1）密封不良 2）因物理（冲击）、化学原因使塑料水杯产生裂痕 3）泄水阀、自动排水器失灵	1）更换密封件 2）参看塑料水杯破损栏 3）修理（必要时更换）

表 7-12   油雾器常见故障及其排除方法

故障	原因	排除方法
油不能滴下	1）没有产生油滴下落所需的压差 2）油雾器反向安装 3）油道堵塞 4）油杯未加压	1）加上文丘里管或换成小的油雾器 2）改变安装方向 3）拆卸，进行修理 4）因通往油杯的空气通道堵塞，需拆卸修理
油杯未加压	1）通往油杯的空气通道堵塞 2）油杯大 3）油雾器使用频繁	1）拆卸修理 2）加大通往油杯空气通孔 3）使用快速循环式油雾器
油滴数不能减少	油量调整螺钉失效	检修油量调整螺钉
空气向外泄漏	1）油杯破损 2）密封不良 3）观察玻璃破损	1）更换油杯 2）检修密封 3）更换观察玻璃
油杯破损	1）用有机溶剂清洗 2）周围存在有机溶剂	1）更换油杯，使用金属杯或耐有机溶剂杯 2）与有机溶剂隔离

基本技能训练　典型液压传动系统故障诊断与维修

一、实训目的

1）掌握液压动力滑台的组成和工作原理。

2）能对液压动力滑台常见故障进行诊断与维修。

二、任务描述

YT4543 型动力滑台的工作进给速度范围为 6.6～660 mm/min，最大快进速度为 7 300 mm/min，最大推力为 45 kN。YT 4543 型动力滑台液压系统原理图如图 7-2 所示。该系统采用限压式变量叶片泵供油，电液换向阀换向，行程阀实现快慢速度转换，串联调速阀实现两种工作进给速度的转换，其最高工作压力不大于 6.3 MPa。液压滑台上的工作循环是由固定在移动工作台侧面的挡铁直接压行程阀换位或压行程开关控制电磁换向阀的通、断电顺序实现的。

由图 7-2 可知，该系统可实现的典型工作循环是快进→一工进→二工进→死挡铁停留→快退→原位停止，其工作情况分析如下。

1. 快进

按下启动按钮，电磁铁 1YA 通电，电液换向阀 4 的左位接入系统，顺序阀 13 因系统压力较低处于关闭状态，变量泵 2 则输出较大流量，这时液压缸 5 两腔连通，实现差动快进，其油路为

进油路：过滤器 1→变量泵 2→单向阀 3→电液换向阀 4→行程阀 6→液压缸 5 左腔。

回油路：液压缸 5 右腔→电液换向阀 4→单向阀 12→行程阀 6→液压缸 5 左腔。

2. 一工进

当滑台快进到达预定位置（即刀具趋近工件位置）时，挡铁压下行程阀 6，切断快速运动进油路，电磁阀 1YA 继续通电，电液换向阀 4 左位仍接入系统。这时液压油只能经调速阀 11 和电磁换向阀 9 右位进入液压缸 5 左腔，由于工进时系统压力升高，变量泵 2 便自动减小其输出流量，顺序阀 13 此时打开，单向阀 12 关闭，液压缸 5 右腔的回油最终经背压阀 14 流回油箱，这样滑台转为第一次工作进给运动（简称一工进），其油路为

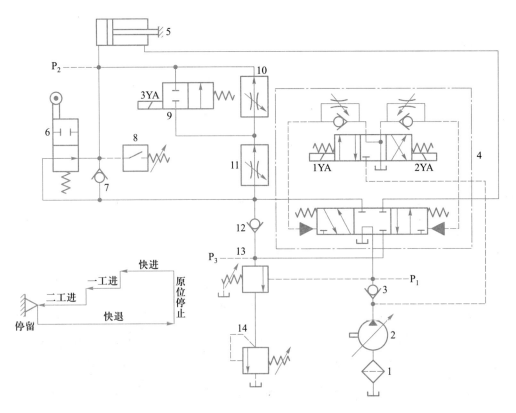

图 7-2   YT4543 型动力滑台液压系统原理图

1—过滤器；2—变量泵；3、7、12—单向阀；4—电液换向阀；5—液压缸；6—行程阀；

8—压力继电器；9—电磁换向阀；10、11—调速阀；13—顺序阀；14—背压阀

进油路：过滤器 1→变量泵 2→单向阀 3→电液换向阀 4 左位→调速阀 11→电磁换向阀 9 右位→液压缸 5 左腔。

回油路：液压缸 5 右腔→电液换向阀 4 左位→顺序阀 13→背压阀 14→油箱。

3. 二工进

当第一次工作进给运动到位时，滑台上的另一挡铁压下行程开关，使电磁铁 3YA 通电，于是电磁换向阀 9 左位接入油路，由泵来的液压油须经调速阀 11 和 10 才能进入液压缸 5 的左腔。其他各阀的状态和油路与一工进相同。因调速阀 10 的通流面积比调速阀 11 通流面积小，故二工进速度由调速阀 10 来调节，但调速阀 10 的调节流量必须小于调速阀 11 的调节流量，否则调速阀 10 将不起作用。

4. 死挡铁停留

当被加工工件为不通孔且轴向尺寸要求严格，或需刮端面等情况时，则要求实现死挡铁停留。当滑台二工进到位碰上预先调好的死挡铁，活塞不能再前进，停留在死挡铁处，停留时间用压力继电器 8 和时间继电器（装在电路上）来调节和控制。

5. 快退

滑台在死挡铁上停留后，泵的供油压力进一步升高，当压力升高到压力继电器 8 的预调动作压力时，压力继电器 8 发出信号，使 1YA、3YA 断电，2YA 通电，电液换向阀 4 处于右位接入系统，由于此时为空载，泵的供油压力低，输出油量大，滑台快速退回。其油路为

进油路：过滤器 1→变量泵 2→单向阀 3→电液换向阀 4 右位→液压缸 5 右腔。

回油路：液压缸 5 左腔→单向阀 7→电液换向阀 4 右位→油箱。

6. 原位停止

当动力滑台快速退回到原始位置时，原位电气挡块压下原位行程开关，使电磁铁 2YA 断电，电液换向阀 4 处于中间位置，液压缸失去动力来源，液压滑台停止运动。这时，变量泵输出油液经单向阀 3 和电液换向阀 4 流回油箱，液压泵卸荷。

由上述分析可知，顺序阀 13 在动力滑台快进时必须关闭，工进时必须打开，因此，顺序阀 13 的调定压力应低于工进时的系统压力而高于快进时的系统压力。

系统中有 3 个单向阀。其中，单向阀 12 的作用是在工进时隔离进油路和回油路。单向阀 3 除有保护液压泵免受液压冲击的作用外，主要是在系统卸荷时使电液换向阀的先导控制油路有一定的控制压力，确保实现换向动作。单向阀 7 的作用则是确保实现快退。

三、主要实训器材

YT4543 型动力滑台液压系统、各种气动与液压系统拆装常用工具。

四、要求与步骤

YT4543 型动力滑台液压系统故障诊断与维修见表 7-13。

表 7-13　YT4543 型动力滑台液压系统故障诊断与维修

故障	故障原因	诊断方法	维修方法
动力滑台无快进	单向阀 3 弹簧太软或折断，阀前压力太低，使控制油路的压力过低，推不动电液换向阀的液动阀阀芯，所以不能换向	观察电液换向阀原位，系统压力卸荷，压力计指示值小于 0.3MPa；电液换向阀通电后，压力不见上升	更换合适的单向阀 3

续表

故障	故障原因	诊断方法	维修方法
动力滑台无快退	1）压力继电器 8 不发信号 2）单向阀 3 弹簧太软或折断，阀前压力太低，使控制油路的压力过低，推不动电液换向阀的液动阀阀芯，所以不能换向	1）压力继电器 8 微动开关未压合 2）观察电液换向阀原位，系统压力卸荷，压力计指示值小于 0.3 MPa；电液换向阀通电后，压力不见上升	1）检修或更换压力继电器 8 2）更换合适的单向阀 3
调节调速阀 10、11，工进速度降不下来	1）调速阀性能太差 2）二位二通行程阀 6 未压住或压不到位 3）二位二通行程阀 6 或单向阀 7 的内泄漏过大 4）活塞密封圈损坏或失效，液压缸内泄漏严重，此时可看作液压油与无杆腔、有杆腔同时相通的差动连接状况	1）换装性能优良的调速阀验证，或在试验台上检验调速阀性能 2）将调速阀 10 或 11 关闭，滑台仍慢速移动；或在试验台上检测调速阀 10 和 11 的内泄漏，可见是否超标 3）同 2） 4）先让液压缸前进一段距离，再利用刚性物体顶住液压缸，使液压缸无法后退，并松开无杆腔油管接头，另接一段软管；为了防止无杆腔内原来的油液流出，必须使软管出口高于液压缸，然后将油管变换成有杆腔通液压油，若见到软管出口处继续有油流出，则证明液压缸有内泄漏	1）更换性能优良的调速阀 2）检修或更换调速阀 3）同 2） 4）更换活塞和液压缸的密封装置

故障	故障原因	诊断方法	维修方法
油温超过正常值（50 ℃）	1）变量泵的最大压力调得过高	1）设法让液压缸工作进给,测量单向阀 3 的出口压力 p_1 和单向阀 12 的入口压力 p_3,若两压力差超过 0.5 MPa,则说明压力调得过高	1）调整变量泵的最大压力为规定值
	2）背压阀 14 的压力调得过高	2）设法让液压缸工作进给,测量单向阀 7 的入口压力 p_2,一般为 0.3 MPa~0.8 MPa,若太高,则说明应适当降低	2）调整背压阀压力为规定值
	3）单向阀 3 的弹簧太硬,使阀前压力过大	3）设法让液压缸处于停止位置,测量单向阀 3 的出口压力 p_1,一般为 0.3 MPa 左右,若太高则单向阀 3 的出口压力应设法降低	3）更换单向阀 3 的弹簧

五、安全注意事项

1）必须了解机器的结构性能和操作规程。

2）操作前正确穿戴好劳动防护用品,检查机器是否正常,确认无误后方可启动。

3）启动前,先检查油箱、油位是否正常,限位装置、按钮、开关、阀门是否灵活可靠,各紧固件是否牢靠,各运转部位及润滑面有无障碍物,确认液压系统压力正常后方可作业。

六、总结与思考

1）YT4543 型动力滑台的特点:采用"限压式变量泵—调速阀—背压阀"式调速回路能保证稳定的低速运动、较好的速度刚性和较大的调速范围;回路上设置了背压阀,改善了运动平稳性,并能承受负负载;采用限压式变量泵和差动连接式液压缸来实现快进,能源利用比较合理;滑台停止运动时,换向阀使液压泵在低压下卸荷,减少能量损耗。

2）YT4543 型动力滑台液压系统图由哪些基本回路组成?

3）YT4543 型动力滑台各液压元件在系统中起什么作用?

基本技能训练　典型气压传动系统故障诊断与维修

一、实训目的

1）掌握 EQ1092 型汽车气压制动系统的组成和工作原理。

2）能对 EQ1092 型汽车气压制动系统常见故障进行诊断与维修。

二、任务描述

图 7-3 所示为 EQ1092 型汽车气压制动系统的组成和工作原理图，这种制动系统由空气压缩机 1、单向阀 2、储气罐 3、安全阀 4、前桥储气罐 5、后桥储气罐 6、制动控制阀 7、压力表 8、快换排气阀 9、前轮制动缸 10、后轮制动缸 11 等组成。

空气压缩机 1 由发动机通过 V 带驱动，将压缩空气经单向阀 2 压入储气罐 3，然后再分别经两个相互独立的前桥储气罐 5 和后桥储气罐 6 将压缩空气送到制动控制阀 7。当踩下制动踏板时，压缩空气经控制阀同时进入前轮制动缸 10 和后轮制动缸 11（实际上为制动气室）使前后轮同时制动。松开制动踏板，前后制动气室的压缩空气则经制动控制阀排入大气，解除制动。

该车使用的是风冷单缸空气压缩机，缸盖上设有卸荷装置，空气压缩机与储气罐之间还装有调压阀和单向阀。当储气罐气压达到规定值后，调压阀就将进气阀打开，使空气压缩机卸荷，一旦调压阀失效，则由安全阀起过载保护作用。单向阀可防止压缩空气倒流。该车采用双腔膜片式并联踏板式制动控制阀。踩下踏板，使前后轮制动（后轮略早）。当前、后桥回路中有一回路失效时，另一回路仍能正常工作，实现制动。在后桥制动回路中安装了膜片式

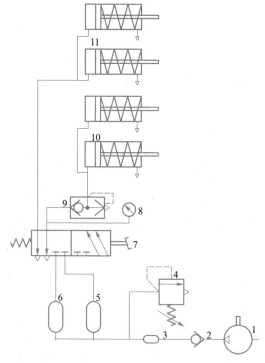

图 7-3　EQ1092 型汽车气压制动
系统的组成和工作原理图

1—空气压缩机；2—单向阀；3—储气罐；4—安全阀；

5—前桥储气罐；6—后桥储气罐；7—制动控制阀；

8—压力表；9—快速排气阀；10—前轮制动缸；

11—后轮制动缸

快速放气阀,可使后桥制动迅速解除。压力表8指示后桥制动回路中的气压。该车采用膜片式制动气室,利用压缩空气的膨胀力推动制动臂及制动凸轮,使车轮制动。

三、主要实训器材

EQ1092型汽车气压制动装置、各种气动与液压系统拆装常用工具。

四、要求与步骤

EQ1092型汽车气压制动装置故障诊断与维修见表7-14。

表7-14 EQ1092型汽车气压制动装置故障诊断与维修

故障	故障原因	维修方法
无法制动	1）传动杆件脱落 2）储气罐放污开关不严 3）空压机损坏 4）管路破裂 5）空压机皮带损坏、松脱 6）控制阀排气阀打不开 7）控制阀排气阀漏气 8）制动气室膜片漏气	1）分段检查 2）关严或检修放污开关 3）检修或更换空气压缩机 4）更换、检修、装牢管路 5）更换或调整空气压缩机传动带 6）检修控制阀进气阀 7）研磨控制阀进气阀 8）更换制动气室膜片
制动效果有所减弱	1）制动踏板自由行程过大 2）制动衬片严重磨损 3）摩擦表面不平 4）制动器间隙过大 5）蹄片上沾有油污 6）管接头松动漏气 7）传动杆件变形、损坏 8）制动控制阀工作不良 9）储气罐气压不足或液力管中进入空气	1）调整自由行程 2）更换新衬片 3）修磨摩擦表面 4）调整制动器间隙 5）清洗蹄片 6）拧紧、修复 7）校正或更换传动杆件 8）检修制动控制阀 9）检修

续表

故障	故障原因	维修方法
单边制动	1）各制动器间隙不一致 2）一侧制动器摩擦表面沾有油污、铆钉外露 3）某侧制动气室推杆连接叉弯曲变形，膜片破裂，接头漏气 4）某侧制动凸轮卡滞 5）各车轮制动蹄回位弹簧相差过大	1）调整各制动器间隙，使其一致 2）清洗摩擦表面沾有油污的制动器，更换铆钉 3）校正制动气室推杆连接叉、更换膜片和密封件 4）加强制动凸轮处的润滑 5）更换回位弹簧，使各车轮制动蹄回位弹簧相差在允许的范围
制动器分离不彻底	1）踏板自由行程过小 2）回位弹簧弹力不足或折断 3）制动鼓变形失圆 4）摩擦表面异物卡滞 5）摩擦盘卡滞或钢球失圆及球槽磨损	1）调整踏板自由行程至规格范围 2）更换弹簧 3）修复制动鼓 4）清理摩擦表面 5）检修摩擦盘、更换钢球和球槽
制动器过热	1）制动器间隙过小 2）回位弹簧弹力不足或折断 3）制动衬片接触不良或偏磨 4）制动时间过长和制动频繁	1）调整制动器间隙至规定范围 2）更换弹力合适的回位弹簧 3）修磨制动衬片接触表面 4）改进操作方法
制动时有异响	1）制动衬片松动 2）回位弹簧弹力不足或折断	1）调整制动衬片 2）更换弹力合适的回位弹簧

五、安全注意事项

1）必须了解机器的结构性能和操作规程。

2）操作前正确穿戴好劳动防护用品，检查机器是否正常，确认无误后方可启动。

3）启动前，先检查限位装置、按钮、开关、阀门是否灵活可靠，各紧固件是否牢靠，各运转部位及润滑面有无障碍物，确认液压系统压力正常后方可作业。

六、总结与思考

1）EQ1092 型汽车气压制动系统由能源装置、控制装置、执行装置、辅助装置组成。能源装置即空气压缩机。控制装置包含制动控制阀、单向阀、溢流阀、快速排气阀、减压阀等部件。执行装置包括前轮制动缸和后轮制动缸。辅助装置包括储气罐、空气过滤器、油水分离器、油雾器、压力表、管道等部件。

2）气压制动以压缩空气为工作介质，制动踏板控制压缩空气进入车轮制动器，所以气压制动最大的优势是操纵轻便，可提供大的制动力矩。气压制动的另一个优势是对长轴距、多轴和拖带半挂车、挂车等，实现异步分配制动有独特的优越性。

3）相对于液压制动，气压制动有哪些优缺点？

思考题与习题

7-1 液压元件拆装清洗与一般机械拆装清洗相比有什么特别要求？

7-2 液压系统换油时，为什么要清洗系统？

7-3 对液压系统进行点检和定检有何意义？

7-4 控制液压油的工作温度有何意义？是否任何液压油都不能在高温下工作？

7-5 气动系统管道的安装有何要求？

7-6 气动系统压力降过大的原因有哪些？

附录　常用液压与气动元件图形符号
（摘自 GB/T 786.1—2009）

附表　常用液压与气动元件图形符号

类别	名称		符号	描述
液压动力元件	液压泵	液压泵		一般符号
		单向定量液压泵		单向旋转、单向流动、定排量
		单向变量液压泵		单向旋转、单向流动、变排量
		双向定量液压泵		双向旋转、双向流动、定排量
		双向变量液压泵		双向旋转、双向流动、变排量
气压动力元件	空气压缩机			简称空压机,是气源装置中的主体,它是将原动机的机械能转换成气体压力能的装置,是压缩空气的气压发生装置(正压)
真空发生装置	真空泵			与空压机对比,真空泵刚好相反,是从容器中抽出气体,使气体压力降低的装置,也是产生真空的装置(负压)
动力源	液压源			一般符号,供给液压系统液压油,把机械能转换成液压能的装置,最常见的形式是液压泵
	气压源			一般符号,供给气压系统压缩空气,把机械能转换成气体压力能的装置,该装置的核心是空气压缩机
	电动机			一般符号,把电能转换成机械能的一种设备
	原动机			电动机除外的驱动装置

类别	名称		符号	描述
液压执行元件	液压马达	液压马达		一般符号,液压系统的一种执行元件,它将液压泵提供的液体压力能转变为其输出轴的机械能(转矩和转速)
		单向定量液压马达		单向旋转、单向流动、定排量
		单向变量液压马达		单向旋转、单向流动、变排量
		双向定量液压马达		双向旋转、双向流动、定排量
		双向变量液压马达		双向旋转、双向流动、变排量
	液压缸	单作用单杆缸		只有一根活塞杆,靠液压力推动活塞杆伸出,在弹簧力作用下返回行程,弹簧腔带连接油口
		双作用单杆缸		只有一根活塞杆,靠液压力推动活塞杆伸出和返回行程
		双作用同径双杆缸		左右腔都有活塞杆,活塞杆直径相同,靠液压力推动活塞杆伸出和返回行程
		单作用伸缩缸		由两级或多级缸套装而成,靠液压力推动活塞杆伸出,在自身重力或其他外力作用下返回行程
		双作用伸缩缸		由两级或多级缸套装而成,靠液压力推动活塞杆伸出和返回行程
		单作用增压器		单作用增压器,将压力 p_1 转换为压力 p_2

续表

类别	名称		符号	描述
气压执行元件	气压马达	气压马达		一般符号,把压缩空气的压力能转换成旋转的机械能的装置,即输出转矩以驱动机构做旋转运动
		双向定量气压马达		变方向定流量双向摆动气压马达
		摆动气压马达		摆动气缸或摆动气压马达,限制摆动角度,双向摆动
		单作用半摆动气压马达		单作用的半摆动气缸或摆动气压马达
	连续增压器		p_1 p_2	连续增压器,将压力 p_1 转换为压力 p_2
	气压缸	单作用单杆缸		单活塞杆,靠气压力推动活塞杆伸出,在弹簧力作用下返回行程
		双作用单杆缸		单活塞杆,靠气压力推动活塞杆伸出和返回行程
		双作用双杆缸		双活塞杆,活塞杆直径相同,靠气压力推动活塞杆伸出和返回行程
液压控制元件	压力控制阀	溢流阀		直动型溢流阀,开启压力由弹簧调节
			K	先导型溢流阀
				比例溢流阀,直控式,通过电磁铁控制弹簧工作长度来控制液压电磁换向座阀
		顺序阀	p_1 p_2	直动型顺序阀,手动调节设定值
			p_1 p_2	先导型顺序阀

续表

类别	名称		符号	描述
液压控制元件	压力控制阀	减压阀	p_1 p_2	二通减压阀,直动式,外泄型
				三通减压阀
	流量控制阀	节流阀	p_1 p_2	可调节流量控制阀
		调速阀	p_1 p_2	调速阀由定差减压阀和节流阀串联而成
		单向自由流动节流阀		可调节流量控制阀,单向自由流动
		二通流量控制阀		二通流量控制阀,可调节,带旁通阀,固定设置,单向流动,基本与黏度和压力差无关
		三通流量控制阀		三通流量控制阀,可调节,将输入流量分成固定流量和剩余流量
	方向控制阀	单向阀和梭阀		单向阀,只能在一个方向自由流动
				单向阀,带有复位弹簧,只能在一个方向流动,常闭
				梭阀("或"逻辑),压力高的入口自动与出口接通
		二位二通方向控制阀		二位二通,压力控制,弹簧复位,常闭
				二位二通,电磁铁控制,弹簧复位,常开
		二位三通方向控制阀		滚轮杠杆控制,弹簧复位
				电磁铁控制,弹簧复位,常闭

类别	名称		符号	描述
液压控制元件	方向控制阀	二位四通方向控制阀		电磁铁控制,弹簧复位
				单电磁铁控制,弹簧复位,定位销式手动定位
		二位五通方向控制阀		踏板控制
		三位三通方向控制阀		液压控制
		三位四通方向控制阀		三位四通 O 型换向阀,弹簧对中,双电磁铁直接控制
				三位四通 H 型换向阀,弹簧对中,双电磁铁直接控制
				三位四通 M 型换向阀,弹簧对中,双电磁铁直接控制
				三位四通 Y 型换向阀,弹簧对中,双电磁铁直接控制
				三位四通 P 型换向阀,弹簧对中,双电磁铁直接控制
气压控制元件	压力控制阀	溢流阀		直动型溢流阀,内部压力控制
				直动型溢流阀,外部压力控制
				先导型溢流阀

类别	名称		符号	描述
气压控制元件	压力控制阀	顺序阀		直动型顺序阀,内部压力控制
				直动型顺序阀,外部压力控制
				先导型顺序阀
	压力控制元件	减压阀		只能向前流动,内部压力控制
				先导型调压阀
	流量控制阀	节流阀		流量可调
				带消声器的节流阀,流量可调
		滚轮柱塞操纵流量控制阀		滚轮柱塞操纵的弹簧复位式流量控制阀
		截止阀		起截断作用,也可起调节压力或流量的作用
	方向控制阀	单向阀和梭阀		单向阀,只能在一个方向自由流动
				梭阀("或"逻辑),压力高的入口自动与出口接通

续表

类别	名称		符号	描述
气压控制元件	方向控制阀	二位二通方向控制阀		两通,两位,压力控制,弹簧复位,常闭
		二位三通方向控制阀		电磁铁控制,弹簧复位,常闭
		二位四通方向控制阀		电磁铁控制,弹簧复位
		二位五通方向控制阀		踏板控制
		三位三通方向控制阀		气压控制,弹簧对中
		三位四通方向控制阀		三位四通"O"型换向阀,弹簧对中,双电磁铁直接控制
		三位五通方向控制阀		弹簧对中,双电磁铁直接控制
液压辅助元件	液压管路			供油管路,回油管路,元件外壳和外壳符号
				组合元件框线
				内部和外部先导(控制)管路,泄油管路,冲洗管路,放气管路
				两个流体管路的交叉连接
				两个流体管路的交叉不连接
				软管总成

续表

类别	名称		符号	描述
液压辅助元件	油箱			管道在液面上
				管道在油箱底部
				局部泄油或回油
	过滤器			一般符号,过滤液压系统中的机械杂质,如水锈、铸砂、焊渣、铁屑、涂料、油漆皮和棉纱屑
				带压力表的过滤器
	热交换器	冷却器		不带冷却液流道指示的冷却器
		加热器		保证液压油在冬天不会温度过低,油液黏度加大造成设备启动困难等
		温度调节器		管道中局部电加热或冷却、控制冷热油混合比的温度调节等
	蓄能器	隔膜式蓄能器		隔膜式充气蓄能器
		囊式蓄能器		囊式充气蓄能器
		活塞式蓄能器		活塞式充气蓄能器
气压辅助元件	过滤器			一般符号,过滤空气中污染物及颗粒杂质
				带压力表的过滤器
	分离器			离心式分离器
				真空分离器

续表

类别	名称	符号	描述
气压辅助元件	空气干燥器		水分或其他可挥发性液体成分汽化逸出
	油雾器		一般符号，使润滑油雾化与压缩空气一同进入对下级气动元件，起到润滑作用
			手动排水油雾器
	气罐		专门用来储存气体的设备，同时起稳定系统压力的作用
	辅助气瓶		最主要的用处就是替代蓄能器储气，间接扩大蓄能器容积
	真空发生器		利用压缩空气的流动而形成一定真空度的气动元件
	吸盘		一般符号，又称真空吊具，是真空设备执行器之一
			带弹簧压紧式推杆和单向阀的吸盘
其他辅助装置	测量仪和指示器		压力测量仪表（压力表）
			压差计
			温度计
			流量指示器
			流量计
			液位指示器（液位计）
			开关式定时器
			计数器

续表

类别	名称	符号	描述
控制机构	控制机构		带有分离把手和定位销的控制机构
			具有可调行程限制装置的顶杆
			带有定位装置的推或拉控制机构
			手动锁定控制机构
			用作单方向行程操纵的滚轮杠杆
			使用步进电动机的控制机构
			单作用电磁铁,动作指向阀芯
			单作用电磁铁,动作背离阀芯
			双作用电气控制机构,动作指向或背离阀芯
			单作用电磁铁,动作指向阀芯,连续控制

参考文献

[1] 李登万. 液压传动[M]. 南京:东南大学出版社,2000.

[2] 姚新,刘民钢. 液压与气动[M]. 北京:中国人民大学出版社,2000.

[3] 李芝. 液压传动[M]. 北京:机械工业出版社,1999.

[4] 姜佩东. 液压与气动技术[M]. 北京:高等教育出版社,2000.

[5] SMC(中国)有限公司编. 现代实用气动技术[M]. 北京:机械工业出版社,1998.

[6] 杨光龙. 气动与液压技术[M]. 北京:机械工业出版社,2017.

郑重声明

高等教育出版社依法对本书享有专有出版权。任何未经许可的复制、销售行为均违反《中华人民共和国著作权法》，其行为人将承担相应的民事责任和行政责任；构成犯罪的，将被依法追究刑事责任。为了维护市场秩序，保护读者的合法权益，避免读者误用盗版书造成不良后果，我社将配合行政执法部门和司法机关对违法犯罪的单位和个人进行严厉打击。社会各界人士如发现上述侵权行为，希望及时举报，我社将奖励举报有功人员。

反盗版举报电话　　（010）58581999　58582371

反盗版举报邮箱　dd@hep.com.cn

通信地址　北京市西城区德外大街4号　高等教育出版社法律事务部

邮政编码　100120

读者意见反馈

为收集对教材的意见建议，进一步完善教材编写并做好服务工作，读者可将对本教材的意见建议通过如下渠道反馈至我社。

咨询电话　400-810-0598

反馈邮箱　zz_dzyj@pub.hep.cn

通信地址　北京市朝阳区惠新东街4号富盛大厦1座
　　　　　高等教育出版社总编辑办公室

邮政编码　100029

防伪查询说明

用户购书后刮开封底防伪涂层，使用手机微信等软件扫描二维码，会跳转至防伪查询网页，获得所购图书详细信息。

防伪客服电话

（010）58582300

学习卡账号使用说明

一、注册/登录

访问http://abook.hep.com.cn/sve，点击"注册"，在注册页面输入用户名、密码及常用的邮箱进行注册。已注册的用户直接输入用户名和密码登录即可进入"我的课程"页面。

二、课程绑定

点击"我的课程"页面右上方"绑定课程"，在"明码"框中正确输入教材封底防伪标签上的20位数字，点击"确定"完成课程绑定。

三、访问课程

在"正在学习"列表中选择已绑定的课程，点击"进入课程"即可浏览或下载与本书配套的课程资源。刚绑定的课程请在"申请学习"列表中选择相应课程并点击"进入课程"。

如有账号问题，请发邮件至：4a_admin_zz@pub.hep.cn。